手のひら図鑑 ⑫

岩石・鉱物

ケビン・ウォルシュ 監修

伊藤 伸子 訳

化学同人

Pocket Eyewitness ROCKS AND MINERALS
Copyright © 2012 Dorling Kindersley Limited
A Penguin Random House Company

Japanese translation rights arranged with
Dorling Kindersley Limited, London
through Fortuna Co., Ltd., Tokyo
For sale in Japanese territory only.

手のひら図鑑 ⑫
岩石・鉱物
2017 年 4 月 1 日　第 1 刷発行
2024 年 12 月 25 日　第 3 刷発行

監　修　ケビン・ウォルシュ
訳　者　伊藤伸子
発行人　曽根良介
発行所　株式会社化学同人

〒 600-8074　京都市下京区仏光寺通柳馬場西入ル
　　TEL：075-352-3373　FAX：075-351-8301

装丁・本文 DTP　グローバル・メディア

JCOPY 〈出版者著作権管理機構委託出版物〉
本書の無断複写は著作権法上での例外を除き禁じら
れています．複写される場合は，そのつど事前に，
出版者著作権管理機構（電話 03-5244-5088，FAX
03-5244-5089，email：info@jcopy.or.jp）の許諾
を得てください．

無断転載・複製を禁ず
Printed and bound in China

Ⓒ N. Ito 2017
ISBN978-4-7598-1802-4

◎本書の感想を
お寄せください

乱丁・落丁本は送料小社負担にて
お取りかえいたします．

www.dk.com

目　次

- 4 岩石の惑星、地球
- 6 鉱物って何だろう？
- 8 岩石って何だろう？
- 10 採取してみよう

14 岩　石
- 16 岩石のでき方
- 18 岩石の種類の分類
- 20 火成岩
- 30 堆積岩
- 42 変成岩
- 52 隕　石

54 鉱　物
- 56 鉱物のできる場所
- 58 鉱物のグループ
- 62 鉱物を見分ける
- 66 宝　石
- 68 元素鉱物
- 76 硫化鉱物
- 90 硫塩鉱物
- 92 酸化鉱物
- 98 水酸化鉱物
- 100 ハロゲン化鉱物
- 104 炭酸塩鉱物
- 110 リン酸塩鉱物、ヒ酸塩鉱物、バナジン酸塩鉱物
- 116 硝酸塩鉱物、ホウ酸塩鉱物
- 118 硫酸塩鉱物、クロム酸塩鉱物、モリブデン酸塩鉱物、タングステン酸塩鉱物
- 122 珪酸塩鉱物
- 140 生物のつくる宝石

- 144 周期表
- 146 岩石のあれこれ
- 148 鉱物のあれこれ
- 150 用語解説
- 152 索　引
- 156 謝　辞

縮尺と大きさ
この本では説明といっしょに岩石や鉱物の写真を載せています。実際の大きさを示すために手と並べて図で表しています。　15 cm

岩石の惑星、地球 がんせきのわくせい、ちきゅう

地球は玉ねぎのように層が何層にも重なってできています。中心にはかたい核があり、核のまわりをマントルの層と地殻の層が取り囲んでいます。地殻は大陸や海をのせている薄い層で、わたしたちは地殻の一番上の地表に住んでいます。地球の層は地球が誕生して間もないころにできあがりました。鉄など密度の高い物質が中心部に沈み、ケイ酸塩をはじめとする鉱物など軽い物質が地表近くに移動して現在のような層構造になりました。

上部マントルは流動性のある熱い岩石でできている

核とマントル

核は固体でできた内核と液体でできた外核からなる。核のすぐ上にはマントルがある。マントルは密度の高い鉱物でできた層だ。高い圧力がはたらくので、マントルの鉱物は下の方では固体になり、上の方ではねばりつく液体のようになる。地球の内部にある溶けた岩石をマグマという。

下部マントルは、圧力がはたらいてできた高密度の岩石でできている

外核では溶けた物質が動き、地球の磁場がつくられる

内核は固体。鉄とニッケルの混合物を含む

4 | 岩石・鉱物

大気は気体でできている

地殻はかたい岩石でできている。海と大陸をのせている

一番古い岩石の一種、アカスタ片麻岩。42億年前につくられた。

ハワイ島のキラウエア火山から流れ出る溶岩はやがて冷えて火成岩となる。

岩石はいつできた？

地球が十分冷えてかたくなったころに岩石もつくられた。岩石がかたまりはじめたのは約42億年前。それ以来現在に至るまでずっと、地表や地殻や海洋底、さらに深いマントルで岩石と鉱物はつくられ続けている。

地球の地殻

地殻は岩石でできたかたい板（プレート）だ。プレートとプレートがぶつかると押し合い、境目に山ができることもある。プレートの運動によってマントルの奥深くから地表へ岩石が押し上げられることもある。

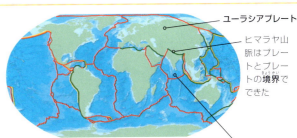

ユーラシアプレート

ヒマラヤ山脈はプレートとプレートの境界でできた

インドプレート

地球の地殻の上には12枚ほどの大きなプレートがある。陸地をのせているプレートと海底をのせているプレートがある。

岩石の惑星、地球 | 5

鉱物って何だろう？

鉱物は天然に存在する無機物質のかたまりです。植物や動物といった生物がつくったものではありません。鉱物は元素でできています。元素とは、それ以上壊すことのできない、一番基本的な物質です。鉱物は成長したり、結合したりして岩石になります。

緑色の珪くじゃく石は鉱物

鉱物は何でできているの？

鉱物には2種類以上の元素からなる化合物が多い。鉱物をつくる元素の中では原子が結合して結晶という固体をつくる。幅数メートルにまで成長する結晶もあるし、顕微鏡でしか見えないほど小さな結晶もある。

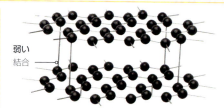

弱い結合

石墨の構造

炭素原子 — 強い結合

ダイアモンドの構造

結晶が十分に成長するだけの空間があれば、特徴のはっきりした結晶になる

原子のパターン

鉱物の中では原子は決まった構造をつくる。この構造は変わることがなく、硬さや色や形といった鉱物の性質を決める。たとえば石墨とダイアモンドはどちらも炭素原子でできている。石墨は炭素原子が弱く結合した構造なのでやわらかい。ダイアモンドは炭素原子が強く結合した構造で、鉱物の中で一番かたい。

花崗岩の中の長石

岩石をつくる鉱物

鉱石鉱物や造岩鉱物に分類される鉱物がある。岩石をつくる鉱物を造岩鉱物という。造岩鉱物のひとつに長石がある。長石はとても豊富に存在し、さまざまな種類の岩石に含まれる。

鉱石鉱物

金属成分を利用するために掘り出される鉱物を鉱石鉱物（鉱石）という。鉱石鉱物は砕かれたのち分離、精製、溶解され、金属が取り出される。写真はスウェーデンのLKAB鉱山。世界最大の鉱山だ。鉄の原料となる磁鉄鉱がおもに採掘される。

これって鉱物？

北海の石油掘削装置

石油や石炭などは鉱物とよばれることもあるが、起源は生物の遺体。石油や石炭などは化学的には炭化水素に分類される。

人工ルビー

ルビー、エメラルド、ダイアモンドといった鉱物は実験室でまったく同じように合成できる。このような人工鉱物は自然に結晶が成長したわけではないので真の意味では鉱物ではない。

岩石って何だろう？

岩石は、鉱物の粒が成長したり結合したりして集まったかたい塊です。地質学者（岩石や鉱物の研究者）は岩石をおもに火成岩、堆積岩、変成岩の3種類に分けて研究します。

組 成

岩石は1種類または複数の鉱物でできている。たとえば火成岩の一種である斑れい岩はおもにかんらん石、輝石、斜長石からできている。

斜長石：薄い色の粒は長石の一種の斜長石。長石にはいろいろな種類があり、多くの岩石に含まれる

斑れい岩

かんらん石：かんらん石は、地下でかたまった火成岩にだけ含まれる。鉄とマグネシウムを含む

顕微鏡で見た斑れい岩の薄片

輝石：輝石はマントル中に豊富に含まれる。月にも輝石を含む岩石がある

岩石の種類

火成岩のもとは溶けたマグマ。溶けたマグマが、地表または地下で冷えてかたくなってできた岩石が火成岩だ。

黒曜石は火成岩

赤い色は酸化鉄

堆積岩は地表で、岩石片、鉱物、貝殻などが層状に積み重なってできた岩石。

赤い砂岩は堆積岩

変成岩は既存の岩石が地下深くで圧力や熱を受け変化した結果できた岩石。

縞状片麻岩は変成岩

採取してみよう　さいしゅしてみよう

岩石や鉱物は山の上や川沿い、岸辺はもちろん道路などいたるところにあります。岩石や鉱物を採取して、気がついたことを記録に残してみましょう。鉱物採取は 19 世紀にさかのぼる人気の趣味活動です。

野外

実際に野外に出かけて採取する前に、採取場所や見つかると思われる岩石や鉱物の種類を調べておくとよい。採取なかまといっしょに活動するのもよいだろう。楽しさも増えるし、一人で出かけるよりも安全だ。

安全第一

体を保護する服装や靴が必要となる採取現場もある。岩石を砕いたり削ったりすると破片が飛び散ることがあるのでゴーグルや手袋を着用した方がよい。場所を確認したいときはコンパスと地図が役に立つ。

地図とコンパス

手袋　ヘルメット　ゴーグル

標本の汚れを
とるための
絵筆

ポケットナイフ

岩石と砂を分けるための
ふるい

やわらかい岩石を
掘り出すための**こて**

持ち手がゴム製の
岩石用ハンマー

岩石を割るため
の幅の広い
たがね

基本の道具

野外で岩石や鉱物を採取するときには、たがねやハンマーをはじめさまざまな種類の道具が必要だ。家庭で使うハンマーでは岩石や鉱物を割ったときに破片が飛び散りやすく危険なので岩石用のハンマーを使う。

記録の保管

見つけた岩石や鉱物を採取すると傷つける可能性がある場合は、そのまま観察して写真に撮ったり、スケッチしたりする方がよい。見つけた場所の正確な位置やくわしい状況の記録も残しておくこと。

標本をもち運ぶための
包装用緩衝材

気づいたことを記録する
ノート

デジタルカメラ

取扱い注意

岩石や鉱物の標本はハンマーで砕いたり削ったりして小さくして採取する。採取した標本は傷つかないように新聞紙や包装用緩衝材でくるむ。

標本のクリーニング

採取した標本はほとんどの場合、汚れているので、水で洗い余分な岩石片を取り除く。乾いている標本の場合ははけで優しくこすると泥やゴミが落ちやすい。汚れ具合によってクリーニングの仕方を変える。最初は標本に対して一番優しい方法で汚れを落とすことが大事だ。

ピンセット、歯ブラシ、歯科用の金属つまようじなどもクリーニング道具として使う。

標本名を五十音順に並べ、集めた情報を**分類カード**に記録する

標本ラベル

標本の種類がわかったら、標本名、採取場所、特徴など情報を整理してラベルに残す。

虫眼鏡で岩石をよく観察し、鑑定する

標本の汚れを落とす**コットン**

もろい標本は**プラスチックケース**で保管する

保管と展示

標本は傷つかないよう1個ずつトレーや箱に入れて保管する。標本の数が多いときは分類カードを使って保管するとよい。分類カードには採取場所、採取日時など標本に関するいろいろな情報を記録する。

保管用の箱をつくるときの**型紙**

岩　石

鉱物が成長したり、くっついたりすると岩石になります。1種類の鉱物でできた岩石もありますが（たとえば苦灰石でできた苦灰岩）、たいていの岩石は2種類以上の鉱物からできています。中には植物や動物の化石を含む岩石もあります。岩石のできるしくみはさまざまです。マグマがかたまってできる岩石、古い岩石が壊れてできる岩石、既存の岩石が温度や圧力の影響を受けてできる岩石などがあります。

モアイ
イースター島のモアイは、凝灰岩という岩石に掘られた石像。

岩石のでき方

地球上では岩石は絶えずつくられては壊れています。岩石はでき方によって大きく次の三つに分けられます。マグマや溶岩がかたまってできる岩石（火成岩）、既存の岩石が侵食や風化を受け小さくなり積み重なってできる岩石（堆積岩）、熱や圧力によってできる岩石（変成岩）。

火成岩

地殻深くにある液状の熱いマグマが冷えてかたまると火成岩になる。既存の岩石や地層にマグマが入りこんで（貫入する）かたまる場合と、地表でかたまる場合とがある。貫入した岩体の形はおもに深成岩体、岩脈、シルに分類される。マグマが溶岩として地表に出てかたまった岩石を噴出岩という。

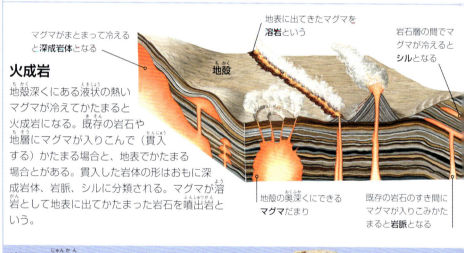

マグマがまとまって冷えると**深成岩体**となる

地表に出てきたマグマを**溶岩**という

岩石層の間でマグマが冷えると**シル**となる

地殻

地殻の奥深くにできる**マグマ**だまり

既存の岩石のすき間にマグマが入りこみかたまると**岩脈**となる

岩石の循環

岩石は火成岩、堆積岩、変成岩のどれかに分類される。岩石はとても長い時間をかけて変化する。火成岩は堆積岩や変成岩になって、また火成岩にもどる。岩石が繰り返し変化する現象を岩石循環という。

堆積岩　変成岩　火成岩　侵食　埋没　溶解

堆積岩

堆積岩は地表または地表近くでつくられる。侵食された岩石の粒子が風や水や氷河によって運ばれ、乾燥した陸地あるいは川底、湖底、海底に積み重なってできる。

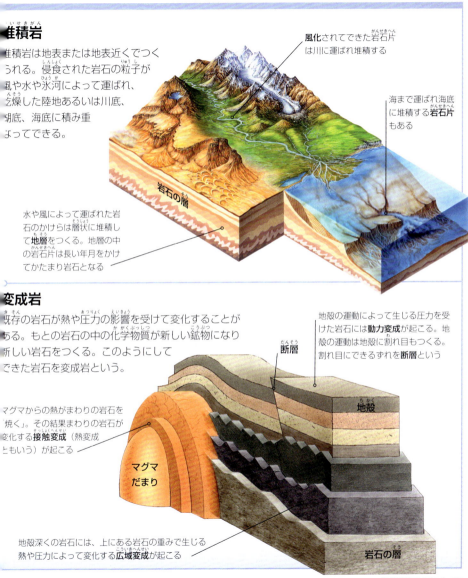

風化されてできた岩石片は川に運ばれ堆積する

海まで運ばれ海底に堆積する**岩石片**もある

水や風によって運ばれた岩石のかけらは層状に堆積して**地層**をつくる。地層の中の岩片は長い年月をかけてかたまり岩石となる

変成岩

既存の岩石が熱や圧力の影響を受けて変化することがある。もとの岩石の中の化学物質が新しい鉱物になり新しい岩石をつくる。このようにしてできた岩石を変成岩という。

地殻の運動によって生じる圧力を受けた岩石には**動力変成**が起こる。地殻の運動は地殻に割れ目もつくる。割れ目にできるずれを**断層**という

マグマからの熱がまわりの岩石を「焼く」。その結果まわりの岩石が変化する**接触変成**（熱変成ともいう）が起こる

地殻深くの岩石には、上にある岩石の重みで生じる熱や圧力によって変化する**広域変成**が起こる

岩石のでき方 | 17

岩石の種類の分類

地質学者は岩石の大きさ、形、粒子の配列といった特徴を調べて岩石の種類を決めます。火成岩の中の粒はたいていばらばらに散らばっています。堆積岩では岩石粒や鉱物はかたまっています。変成岩の中の粒子は葉状構造という模様をつくることが多いです。

火成岩の特徴

かんらん岩

玄武岩

桃色花崗岩

大きな粒子

地下深くでマグマがかたまると火成岩ができる。かたまるまでに時間がかかるので粒子も十分大きく成長する。かんらん岩はよく成長した粒子からなる火成岩。

小さな粒子

火山から噴出したマグマが地表に流れ出ると溶岩になる。地表では短時間で温度が下がり溶岩がかたまるため、粒子はほとんど成長しない。玄武岩は小さな粒子からなる代表的な火成岩。

色

火成岩に含まれる鉱物は色でわかる。桃色花崗岩のように薄い色の火成岩はシリカに富む。濃い色の岩石にはシリカは少なく、色が濃く重い鉱物を含む。

堆積岩の特徴

れき岩

粒子の大きさ
堆積岩に含まれる粒子は大きさも組織もさまざまだ。れき岩の粒子は粗い。

粟粒状の砂岩

粒子の形
堆積岩に含まれる粒子の形から粒子が運ばれてきたようすがわかる。写真の砂岩の粒子は砂漠の風に飛ばされて丸くなった。

淡水起源の石灰岩

化　石
化石の存在は岩石の種類を決める大きな手がかりになる。石灰岩などの堆積岩には化石が多く見られるが、変成岩にはほとんど含まれない。火成岩には化石は入っていない。

変成岩の特徴

大理石

細かい粒子

粒子の大きさ
変成岩の粒子はゆっくり成長する。粒子が大きい場合は、その岩石が高温、高圧でつくられたことを示す。低温、低圧でつくられた変成岩の粒子は小さい。

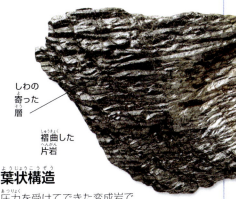

しわの寄った層

褶曲した片岩

葉状構造
圧力を受けてできた変成岩では粒子は模様をつくる。写真の変成岩にははっきりした波模様が現れている。

岩石の種類の分類

火成岩

火成岩は、地球内部の溶けた熱いマグマが地殻に押し上げられ地表または地表近くで冷え、かたまった岩石です。

ここに注目！
造形物

火成岩はみごとな自然の造形物をつくる。火成岩を使った人工の造形物もある。

黒曜石（オブシディアン）
Obsidian

黒曜石は鉱物結晶の成長する時間がないくらい急速に溶岩が冷えてできる火成岩。古い時代の先住アメリカ人、アステカ人、ギリシア人は黒曜石を使って武器や道具や飾りをつくった。

形成場所 地上
形成時の形状 溶岩流
粒子の大きさ 細
色 黒色、茶色
含有鉱物 ガラス

玄武岩（バサルト） Basalt

玄武岩は地上で溶岩が冷えてかたまった岩石。鉄とマグネシウムに富む。割れて、たくさんの面をもつ柱になることがある。玄武岩は海洋底をつくり、地上には大きな露頭をつくる。インドのデカントラップも玄武岩でできた大きな台地。

形成場所 地上
形成時の形状 溶岩流
粒子の大きさ 細から粗
色 濃い灰色から黒色
含有鉱物 輝石、斜長石、かんらん石、磁鉄鉱

北アイルランドのジャイアンツ・コーズウェーでは4万本の玄武岩の柱がびっしり並んでいる。

▲ デビルスタワーは響岩でできている。1906年にアメリカ合衆国の文化遺産に指定された。

▲ シエラネバダ山脈は、地下深くでつくられ地表まで運ばれた巨大な花崗岩の塊でできている。

▲ ラシュモア山の花崗岩にはアメリカの大統領の顔が刻まれている。

花崗岩（グラナイト）
Granite

花崗岩は地殻深くでつくられる。マグマがゆっくり冷えるとできる。砕いた花崗岩は砂利や道路用石材として利用される。磨いた花崗岩は調理台や墓石に用いられる。

形成場所 　地下
形成時の形状 　深成岩体
粒子の大きさ 　中から粗
色 　白色、薄い灰色、灰色、ピンク色、赤色
含有鉱物 　長石、石英、雲母、普通角閃石

粗粒玄武岩（ドレライト）
Dolerite

粗粒玄武岩はとてもかたく、ほかの岩石の割れ目で産出する。粗粒玄武岩に含まれる結晶は大きく肉眼で見える。

形成場所 　地下
形成時の形状 　岩脈、シル
粒子の大きさ 　細から中
色 　濃い灰色から黒色、白色の斑点が多い
含有鉱物 　斜長石、輝石、石英、磁鉄鉱、かんらん石

閃緑岩
Diorite

閃緑岩は古代エジプトでは価値の高い石とされ、柱、彫像、サルコファガス（石の棺）の石材として使われた。ピラミッドの中には閃緑岩の壁で囲まれた部屋もある。

形成場所 地下
形成時の形状 深成岩体、岩脈、シル
粒子の大きさ 中から粗
色 黒色、濃い緑色、灰色、白色の斑点
含有鉱物 斜長石、普通角閃石、黒雲母

流紋岩（ライオライト）
Rhyolite

キンバリー岩（キンバーライト）
Kimberlite

キンバリー岩はダイアモンドを含む岩石。名前は世界有数のダイアモンドの産地、南アフリカのキンバリーに由来する。とはいえすべてのキンバリー岩から宝石として使えるくらい品質の高いダイアモンドが採れるわけではない。

形成場所 地下
形成時の形状 岩脈、パイプ
粒子の大きさ 細から粗
色 濃い灰色
含有鉱物 かんらん石、輝石、雲母、ざくろ石、チタン鉄鉱、ダイアモンド

かんらん岩
Peridotite

マントルの大部分はかんらん岩からなる。マントルから噴き上がるマグマの噴出物がかんらん岩の団塊（ノジュール）を地表まで運ぶ。かんらん岩からはクロムが採れる。

緑色の
かんらん石

流紋岩は産出量の少ないめずらしい岩石。火山の噴出物からつくられる。流紋岩の溶岩はシリカを多く含むためとても粘度が高く、火道（火山の中のマグマの通り道）をふさぐこともある。

形成場所 地上
形成時の形状 溶岩流
粒子の大きさ 細から粗
色 極薄い灰色から中くらいの灰色、薄いピンク色
含有鉱物 石英、カリ長石、ガラス、黒雲母、角閃石、斜長石

安山岩（アンデサイト）
Andesite

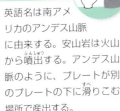

英語名は南アメリカのアンデス山脈に由来する。安山岩は火山から噴出する。アンデス山脈のように、プレートが別のプレートの下に滑りこむ場所で産出する。

形成場所 地上
形成時の形状 溶岩流
粒子の大きさ 細、小さな粒をいくらか含む
色 薄い灰色から濃い灰色、赤ピンク色
含有鉱物 長石、輝石、角閃石、黒雲母

形成場所 地下
形成時の形状 深成岩体、岩脈、シル
粒子の大きさ 粗
色 濃い緑色から黒色
含有鉱物 かんらん石、輝石、ざくろ石、クロム鉄鉱

軽石
Pumice

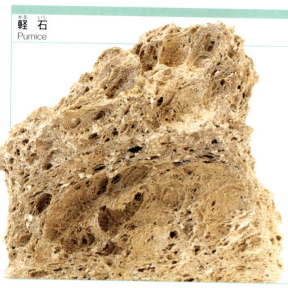

軽石は穴のたくさん開いたスポンジのようにも見える。炭酸水が振ったびんから噴き出すように、ガスをたくさん含む液体のマグマが噴出して冷えると軽石ができる。ガスの泡がそのままかたまるため、とても軽く水に浮く。

形成場所 地上
形成時の形状 溶岩流
粒子の大きさ 細
色 白色、黄色、灰色、黒色
含有鉱物 ガラス、長石、石英

イグニンブライト
Ignimbrite

イグニンブライトは火砕流に運ばれたマグマが堆積した後、溶けて圧縮されるとできる。溶結凝灰岩ともいう。火砕流は人命に関わる大きな被害をもたらす。1912年6月に起きたアラスカのノバルプタ火山の噴火では史上最大のイグニンブライトがつくられた。

形成場所 地上
形成時の形状 溶岩流
粒子の大きさ 細
色 淡いクリーム色、赤茶色、灰色
含有鉱物 火成岩と結晶片、溶結火山ガラス

ペレーの毛
Pélé's hair

名前はハワイの火の女神に由来する。粘度の低い液状のマグマが火山から噴き出し、空中で急速に冷えてできる、細い繊維の束のような岩石。

形成場所 地上
形成時の形状 溶岩噴出
粒子の大きさ 極細
色 淡い茶色
含有鉱物 玄武岩質のガラス

凝灰岩
Tuff

熱いガスと真っ赤な粒子の入り混じったマグマが泡立ちながら上昇し、火山から噴き出したのち堆積すると凝灰岩ができる。

形成場所 地上
形成時の形状 溶岩流
粒子の大きさ 細
色 灰色、茶色、緑色
含有鉱物 ガラス質、結晶片

閃長岩
Syenite

閃長岩はいろいろな色の混じった、人目をひく岩石。磨いて飾り石に使われることもある。地下でゆっくり冷えてできるので結晶が大きい。花崗岩に似るが、花崗岩とちがって石英をほとんど含まない。

形成場所 地下
形成時の形状 深成岩体、岩脈、シル
粒子の大きさ 中から粗
色 灰色、ピンク色、赤色
含有鉱物 カリ長石、斜長石、黒雲母、角閃石、輝石、准長石

デイサイト
Dacite

名前は最初に発見された場所、ローマ帝国の属州ダキアに由来する。アメリカ合衆国オレゴン州クレーターレイク国立公園には一部デイサイトでできた火山がある。

形成場所 地上
形成時の形状 深成岩体、岩脈、シル
粒子の大きさ 細
色 灰色から黒色
含有鉱物 斜長石、石英、輝石、角閃石、黒雲母

斜長岩
Anorthosite

月の裏側の高地（色の薄い部分）は斜長岩でできている。斜長岩は月が誕生したころから存在する。岩石と岩石の間（たとえばかんらん岩と斑れい岩）で大きな塊または層をつくる。

形成場所 地下
形成時の形状 溶岩流
粒子の大きさ 中から粗
色 薄い灰色から白色
含有鉱物 斜長石、かんらん石、輝石、磁鉄鉱

粗面岩（トラカイト）
Trachyte

英語名はギリシア語で「粗い」を意味する言葉に由来する。かたくて、侵食されにくいため、数千年も前から道路の舗装材として使われてきた。

形成場所 地上
形成時の形状 溶岩流、岩脈、シル
粒子の大きさ 細から中
色 わずかに黄色を帯びた白色、灰色、淡い黄色、ピンク色
含有鉱物 サニディン、斜長石、准長石、石英、かんらん石、輝石、黒雲母

菱長石斑岩
Rhomb porphyry

大きな粒状結晶を含む火成岩を斑岩という。菱長石斑岩の名前はひし（菱）形の大きな結晶を含むことに由来する。

形成場所 地上
形成時の形状 溶岩流、岩脈、シル
粒子の大きさ 中
色 灰色から白色、赤色から茶色、紫色
含有鉱物 長石

ペグマタイト
Pegmatite

ペグマタイトはタングステンをはじめ有用な金属の鉱石鉱物を含む。また雲母や、宝石になる鉱物も含む。

形成場所 地下
形成時の形状 深成岩体
粒子の大きさ 極粗
色 ピンク色、白色、クリーム色
含有鉱物 石英、長石、雲母、電気石、黄玉

大平原で暮らすアメリカ先住民の部族の多くはデビルスタワーを**神聖な場所**としてあがめ、「熊のティピ（アメリカ先住民の移動用テント）」とよぶ

デビルスタワー　アメリカ合衆国ワイオミング州のデビルスタワーは火成岩の一種、響岩からなる巨大な岩の塊。マグマが堆積岩を突き抜けたのち冷えてかたまり柱ができた。長い時間がたつ中でまわりの堆積岩が風化され、柱だけがむき出しになって残った。

ここに注目!
芸術と岩石
昔は、堆積岩から取り出した顔料で絵画を描いた。

▲ 白く塗るときはまず白亜が使われた。

▲ 茶色が欲しいときは粘土がよく使われた。

堆積岩

地上で見られる岩石の80%〜90%は堆積岩です。陸上では堆積物や粒子がかたまると堆積岩になります。海まで運ばれた堆積物や粒子が海底に積み重なってできる岩石の層も堆積岩となります。

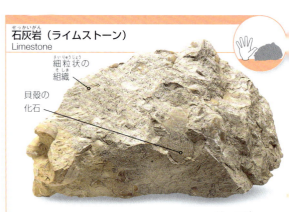

石灰岩(ライムストーン)
Limestone

- 細粒状の組織
- 貝殻の化石

石灰岩は温かく浅い海で、海水または海生動物の殻や骨格に由来する鉱物、方解石からつくられる。石灰岩は建築用石材、ガラスの原料として利用される。石灰岩を燃やすとセメントの原料になる石灰ができる。

堆積場所 海底
粒子の大きさ 細から中、角のある粒子から丸い粒子まで
色 白色、灰色、ピンク色
含有鉱物 方解石
化石 海生または淡水生の無脊椎動物、植物

石膏岩（ロックジプサム）
Rock gypsum

石膏岩は、海や塩分濃度の高い湖で水が蒸発してできる。肥料や石膏ボードの原料として利用される。

堆積場所 海底
粒子の大きさ 中から細結晶粒
色 白色、ややピンク色、やや黄色、灰色
含有鉱物 石膏
化石 なし

苦灰岩（ドロマイト）
Dolomite

苦灰岩はおもに苦灰石からなる。アルプス山脈のイタリア側にあたるドロミーティ山地はほぼ苦灰岩でできている。

とても細かい粒子でできた炭酸塩岩

堆積場所 陸
粒子の大きさ 細から中、結晶粒
色 灰色から黄色を帯びた灰色
含有鉱物 苦灰石
化石 無脊椎動物

岩塩（ロックソルト）
Rock salt

岩塩は、塩水が蒸発してできる。調理用の塩はもちろん石けんや重曹の原料としても使われる。

堆積場所 海底
粒子の大きさ 粗から細結晶粒
色 白色、橙色から茶色、青色
含有鉱物 ハライト（鉱物としての岩塩）
化石 なし

白亜（チョーク）
Chalk

白亜は海生動物の殻や骨格に由来する、方解石という鉱物でできている。白亜の粒子はとても小さく肉眼では見えないが、虫眼鏡を使えば見える。

堆積場所 海底
粒子の大きさ 極細、角のある粒子から丸い粒子まで
色 白色、灰色、淡い黄色
含有鉱物 方解石
化石 無脊椎動物、脊椎動物

泥炭
Peat

ピートともいう。植物がとても長い時間をかけて分解されると、ゆっくり石炭に変わっていく。植物が石炭に変わる最初の状態を泥炭という。おもに暖かく湿度の高い気候のもとで、細菌や細菌の栄養分、酸素といった条件がそろうと植物は泥炭になる。

堆積場所 陸
粒子の大きさ 中、細
色 濃い茶色から黒色
含有成分 炭素
化石 植物、無脊椎動物

無煙炭（アントラサイト）
Anthracite

無煙炭は石炭の一種。炭素を多く含む。ガラスのような光沢があり、手に触れてもほかの石炭ほど汚れない。無煙炭は高温で燃え青い炎を上げるが、煙はほとんど出ない。磨かれて装飾品に使われることもある。

堆積場所 陸
粒子の大きさ 細
色 光沢のある黒色
含有成分 炭素
化石 植物

トラバーチン
Travertine

イタリアのローマにあるコロッセオはおもにトラバーチンでできた世界最大級の建物。

鉄により着色した方解石のしま模様

トラバーチンは洞くつでよく産出する。石筍や鍾乳石はトラバーチンでできている。温泉が蒸発してできる場合もある。トラバーチンのおもな成分は炭酸カルシウム。磨き上げられ、壁や室内装飾に用いられることが多い。

堆積場所 陸
粒子の大きさ 結晶粒
色 クリーム色を帯びた白色
含有鉱物 方解石
化石 ほとんどない

チャート
Chert

チャートはとてもかたく、ナイフでは傷つかない。石器時代にはチャートで道具や武器がつくられた。現在では道路用石材や、磨かれて宝石に利用される。

堆積場所 海底、または石灰岩中の団塊
粒子の大きさ 細、結晶粒
色 やや灰色
含有鉱物 玉髄
化石 無脊椎動物、植物

黄土（レス）
Loess

英語名は「ゆるんだ」を意味するドイツ語に由来する。氷河の上のかたまっていない堆積物が風に運ばれ積み重なってできる。やわらかく砕けやすい。わずかに粘土鉱物を含むため手触りはなめらかで、ぬれてもべとつかない。

堆積場所 陸
粒子の大きさ 極細
色 やや黄色またはやや茶色
含有鉱物 石英、長石
化石 ほとんどない

温泉華（トゥファ）
Tufa

温泉華は石灰に富む水が蒸発したあとに残る炭酸カルシウムでできている。崖や洞くつ、雨があまり降らない地域の岩石の上に堆積する。岩石になる途中で小石や小さな堆積物を取りこむこともある。

水中に温泉華が堆積してできたトゥファタワーは高いものでは9mにもなる。

堆積場所 陸
粒子の大きさ 細、結晶粒
色 白色または橙色の着色
含有鉱物 方解石またはシリカ
化 石 ほとんどない

ひうち石（フリント）
Flint

先史時代にはひうち石でナイフや矢じり、スクレーパー（削る道具）など先の鋭い武器や道具がつくられた。ひうち石はシリカを多く含み、かたい。石灰岩の中にしま模様をつくる。

堆積場所 石灰岩または苦灰岩中の団塊
粒子の大きさ 細、結晶粒
色 灰色
含有鉱物 玉髄
化 石 無脊椎動物

長石質グリットストーン
Feldspathic gritstone

砂粒ほどの大きさの粒子や砂利でできている。酸化鉄のはたらきで粒子どうしが結合していると考えられている。

長石の粒子

堆積場所 海底、陸
粒子の大きさ 粗から中、角がある
色 ピンク色を帯びたやや茶色
含有鉱物 石英、長石、雲母
化 石 無脊椎動物、脊椎動物、植物

頁岩（シェール）
Shale

頁岩はとても裂けやすく、裂けると薄いシート状になる。さまざまな環境で粒子の細かい泥からできる。頁岩の中にはとくに石油を多く含むものがある。

堆積場所 海底、淡水、氷河
粒子の大きさ 細
色 灰色
含有鉱物 粘土、石英、方解石
化石 無脊椎動物、脊椎動物、植物

角れき岩（ブレシア）
Breccia

砂岩（サンドストーン）
Sandstone

層ごとに組織がちがう

砂岩はかたまる砂粒の大きさによって組織が異なる。砂粒の大きさは細粒、中粒、粗粒に分類される。砂岩は耐久性があるので建築石材として利用される。

堆積場所 陸
粒子の大きさ 細から中、角ばった粒子から丸い粒子
色 クリーム色から赤色
含有鉱物 石英、長石
化石 脊椎動物、無脊椎動物、植物

角れき岩は、一般に角ばった大きな岩片がかたまってできる。角の丸い岩片がないことから、遠くまで運搬されずにできたことがわかる。

堆積場所 海底、淡水、氷河
粒子の大きさ 極粗、角ばる
色 さまざま
含有鉱物 あらゆるかたい鉱物が含まれる可能性がある
化石 めったにない

れき岩（コングロメレート）
Conglomerate

岩石は長い時間のたつ中で水のはたらきにより角が削れて丸くなる。丸くなった岩石どうしがかたまるとれき岩になる。れき岩は長い距離を運搬されることもある。大きさから細れき岩、中れき岩、大れき岩に分けられる。れきの大きさは2mm以上。

アルコーズ
Arkose

アルコーズは砂岩の一種だが、長石を多く含むためほかの砂岩とちがい花崗岩に似る。組織は粗い。粒子はおもに方解石のはたらきでしっかりかためられている。

堆積場所 海底、淡水
粒子の大きさ 中、角ばる
色 ややピンク色から薄い灰色
含有鉱物 石英、長石
化石 ほとんどない

堆積場所 海底、淡水、氷河
粒子の大きさ 極粗、丸い
色 さまざま
含有鉱物 あらゆるかたい鉱物が含まれる可能性がある
化石 めったにない

堆積岩

鉄鉱石（アイアンストーン）
Ironstone

鉄を15%以上含む砂岩や石灰岩を鉄鉱石という。大気中の酸素が現代ほど多くなかった時代にできた古い岩石。

堆積場所 海底または陸
粒子の大きさ 細から中、結晶粒から角ばった粒子、魚卵状
色 赤色、黒色、灰色、しま模様
含有鉱物 赤鉄鉱、針鉄鉱、シャモス石、磁鉄鉱、菱鉄鉱、褐鉄鉱、碧玉
化石 無脊椎動物

粘土
Clay

粘土の粒子はとても細かく、顕微鏡でも見えない。湿った粘土はべとつくが、水を加えるとやわらかくなりいろいろな形をつくることができるので、陶磁器やレンガや装飾品などに利用される。

堆積場所 海底、淡水、陸
粒子の大きさ 細
色 濃い灰色から薄い灰色、白色
含有鉱物 カオリナイト、イライト、モンモリロナイトなどの粘土鉱物

化石 植物、無脊椎動物、脊椎動物

雲母質砂岩
Micaceous sandstone

雲母質砂岩は雲母鉱物を多く含む。雲母質砂岩をつくる雲母は小さな薄片のためとても軽く、陸上で堆積した場合は簡単に吹き飛ばされる。したがって雲母質砂岩は陸よりも水の中でできやすい。

堆積場所 海底または淡水
粒子の大きさ 中、角ばった粒子から平らな粒子
色 黄褐色、緑色、灰色、ピンク色
含有鉱物 石英、長石、雲母
化石 無脊椎動物、植物、脊椎動物

亀甲石
Septarian nodule

割れ目を埋める
淡い色の方解石

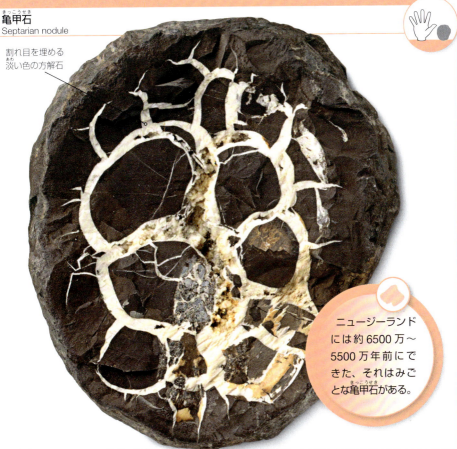

ニュージーランドには約6500万〜5500万年前にできた、それはみごとな亀甲石がある。

堆積岩の中から産出する団塊と結核は、堆積岩ができた後に成長した岩石だ。堆積岩と同じ鉱物からなる場合を結核、堆積岩とはちがう鉱物からなる場合を団塊という。亀甲石はまわりの母岩よりもかたい団塊で、団塊になるときに縮んでできた割れ目を方解石など色の薄い鉱物が埋める。

堆積場所 海底、陸
粒子の大きさ 細から中、角ばった粒子から丸い粒子
色 クリーム色から赤色
含有鉱物 方解石または天青石
化石 脊椎動物、無脊椎動物、植物

堆積岩 | 39

ザ・ウェーブは
1億9000万年前に
砂丘(さきゅう)がかたまってできた
岩石

ザ・ウェーブ
アメリカ合衆国アリゾナ州のザ・ウェーブは自然の力が砂岩に描いた波模様。風に削られ波のような層ができた。砂岩の色は赤鉄鉱など含む鉱物によって異なる。

変成岩

既存の岩石に圧力や熱が影響をおよぼすと、原子や鉱物の並び方が変わり新しい鉱物ができます。その結果できる岩石を変成岩といいます。

ここに注目！
大理石

大理石の細かい粒子と完璧な色合いは理想の彫刻用石材。

▲ イタリアのローマにあるコンスタンティヌスの凱旋門は4世紀に大理石でつくられた。

▲ インドのアーグラにあるタージ・マハルは大理石でできた巨大な墓。

▲ ミケランジェロの作品ダビデ像は1501年から1504年にかけて製作された大理石彫刻。

千枚岩（フィライト）
Phyllite

波模様

千枚岩は表面が不ぞろいで、色の濃い岩石。雲母の大きな粒子を含むため光沢がある。歩道用の石材として使われることがある。

もとの岩石 泥岩、頁岩
変成作用 広域変成
温 度 低から中
圧 力 低
色 やや銀色から緑色を帯びた灰色

大理石（マーブル）
Marble

大理石の岩片

純粋な大理石は白色。不純物の影響により着色することがある。産地によって色や成分が異なり、石材として使われるときは区別される。

もとの岩石 石灰岩
変成作用 広域変成、接触変成
温　度 高
圧　力 低から高
色 白色、ピンク色、緑色、青色、灰色

粘板岩（スレート）
Slate

粘板岩は重要な屋根材だ。昔は黒板にも使われていた。大きな板状で切り出された粘板岩は電気パネルに使われる。粘板岩には植物や動物の化石が含まれることがある。

もとの岩石 粘土、泥岩、頁岩、凝灰岩
変成作用 広域変成
温　度 低
圧　力 低
色 灰色、紫色、緑色

片岩（シスト）
Schist

片岩に含まれる鉱物粒子は肉眼で見ることができる。雲母や緑泥岩を多く含む。しわの入った表面に沿って簡単に割れる。

もとの岩石 泥質岩、粘土質岩
変成作用 広域変成
温　度 低から中
圧　力 低から中
色 やや銀色、緑色

変成岩 | 43

ホルンフェルス
Hornfels

ホルンフェルスは800℃もの高温で生成する。もとの岩石に含まれる鉱物によってさまざまな種類がある。ホルンフェルスは簡単には割れない。

普通角閃石と斜長石

もとの岩石 ほとんどすべての岩石
変成作用 接触変成
温　度 中から高
圧　力 低から高
色 濃い灰色、茶色、やや緑色、やや赤色

角閃岩（アンフィボライト）
Amphibolite

角閃岩は、強度と耐久性を高めるために道路の石材としてよく使われる。飾り石としても用いられる。

もとの岩石 玄武岩、グレーワッケ、苦灰岩
変成作用 広域変成
温　度 低から中
圧　力 低から中
色 灰色、黒色、やや緑色

珪岩（コーツァイト）
Quartzite

埋没した砂岩に熱が加わり押しこまれると珪岩となる。珪岩の90％は石英。道路用石材、屋根材、舗装ブロックとして使われる。

もとの岩石　砂岩
変成作用　広域変成

温　度　高
圧　力　低から高
色　白色、ピンク色

閃電岩（フルグライト）
Fulgurite

砂に雷が落ちたあとにできることから、英語名は「雷」を意味するラテン語 *fulgur* に由来する。砂漠に雷が落ちると砂が溶けてかたまり、雷の走ったあとが管状に残る閃電岩ができる。

もとの岩石　おもに砂
変成作用　接触変成

温　度　極高
圧　力　低
色　灰色、白色、黒色

スカルン
Skarn

スカルンは炭酸塩や、カルシウム、鉄、マグネシウムのケイ酸塩を多く含む。成分によって異なる色の斑が現れる。スカルン鉱物には金属を含むものが多く、金、銅、鉄、スズ、亜鉛の重要な金属鉱床をつくる。

もとの岩石 石灰岩、苦灰岩
変成作用 接触変成
温　度 高
圧　力 低
色 茶色

よく見られる脈構造やしま構造

色の濃い鉱物によるしま模様

ミグマタイト
Migmatite

名前には「混ざり合った岩石」という意味がある。花崗岩を含む片麻岩または片岩からなる。花崗岩がわずかに溶けて筋をつくる。花崗岩の筋の色は片麻岩や片岩よりも薄い。

もとの岩石　さまざま（花崗岩や
　　　　　　　片麻岩を含む）
変成作用　広域変成

温　度　高
圧　力　高
色　灰色、ピンク色、白色の濃淡の
　　　あるしま模様

蛇紋岩
Serpentinite

蛇紋岩はアメリカ合衆国カリフォルニア州の州石に定められている。プレートとプレートがぶつかる地殻の奥深くでできる。蛇紋石からなり、大理石のような模様と感触がある。

もとの岩石　かんらん岩
変成作用　広域変成

温　度　低
圧　力　高
色　緑色の斑

片麻岩（グネス）
Gneiss

片麻岩は、造山活動によって高い熱や圧力が発生した地下深くに埋もれている。片麻岩は割れにくいので床や外壁の石材として利用される。調理台や墓など飾り石としても使われる。

もとの岩石 花崗岩、頁岩、花崗閃緑岩、泥岩、シルト岩、珪長質火山岩

変成作用 広域変成

温　度 高

圧　力 高

色 灰色、ピンク色、多色

圧砕岩（マイロナイト、ミロナイト）
Mylonite

圧砕岩は圧力により砕かれ押しかためられてできる。地殻の運動によって断層で大きな圧力が加わり、温度があまり高くならない場合にできる。圧力を受けて波状の組織になる。

もとの岩石 さまざま

変成作用 動力変成

温　度 低

圧　力 高

色 濃いまたは薄い

榴輝岩（エクロジャイト）
Eclogite

榴輝岩はマントルの最上部できわめて高い熱と圧力の作用を受けて生成する。おもに2種類の鉱物（オンファス輝石と赤色のざくろ石）からなる粗粒状の岩石。石英もよく含む。

もとの岩石 火成岩
変成作用 広域変成

温　度　高
圧　力　高
色　　　淡い緑色、赤色

片麻岩(へんまがん)の英語名グネスには二つの語源(ごげん)があるとされる。一つは「火花」を意味する古ドイツ語、もう一つは「腐敗(ふはい)」を意味する古ザクセン語

縞状片麻岩 写真の片麻岩にはしま模様がはっきり見える。川の速い流れに侵食され削られたため見えるようになった。しま模様は、この岩石が生成したときに鉱物ごとに分かれた層が曲がってできた。片麻岩は高温高圧のもとで生成する。

隕石

岩石でできた小惑星やすい星が宇宙で砕け、そのかけらが地球に落ちてきたものを隕石といいます。宇宙からやってきた岩石なので、火成岩や堆積岩または変成岩といった分類には含まれません。

> **ここに注目！**
> **クレーター**
> 隕石が地球に落ちると、大きな衝突クレーターをつくることがある。

エコンドライト
Achondrites

石質隕石はコンドライトとエコンドライトに分類される。エコンドライトはコンドリュール（宇宙で生成した小さな火成岩粒子）を含まない。地球のマントルや地殻で生成した岩石に似る。

生成場所 宇宙
粒子の大きさ 中から粗
色 黒色、灰色、黄色
含有鉱物 輝石、かんらん石、斜長石
化 石 なし

テクタイト
Tektite

大きな隕石が地球にぶつかると地上の岩石を溶かす。溶けた岩石は衝撃で空中に飛び急速に冷えてガラスになる。このようにしてできたガラス質の岩石をテクタイトという。名前は「溶ける」を意味するギリシア語に由来する。

生成場所 隕石衝突
粒子の大きさ 結晶質
色 緑色、黒色
含有鉱物 珪酸塩鉱物
化 石 なし

▲ 隕石の衝突でできたクレーターといえばアメリカ合衆国アリゾナ州にある深さ168mのバリンジャー・クレーターが有名だ。

▲ カナダのケベックにあるクリアウォーター湖は約2億1000万年前に隕石が衝突してできた丸い湖。

石鉄隕石
Stony-iron meteorites

石鉄隕石は鉄と珪酸塩鉱物の混合物からなる。石鉄隕石を調べると鉄や珪酸塩鉱物を含む火星など惑星のようすがわかる。

生成場所　宇宙
粒子の大きさ　細から中
色　灰色、やや緑色、黄褐色、黒色
含有鉱物　かんらん石、輝石、斜長石
化石　なし

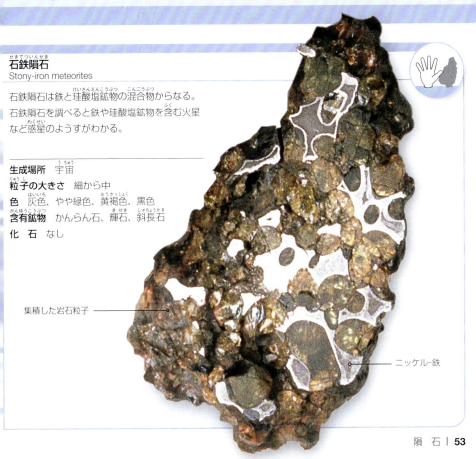

集積した岩石粒子

ニッケル-鉄

鉱 物 こうぶつ

鉱物は地球上のいたるところにあります。その数はわかっているだけでも 4,500 種を超えますが、よく見かけるのは 100 種ほどです。鉱物は自然界で生成する、決まった化合物の組み合わせからなる固体です。地球の大部分は鉱物でできています。わたしたちが日々使うもの、銅の管や宝石や歯磨き粉など、たくさんのものに鉱物が使われています。

宝石箱 写真は 1989 年につくられたくじゃく石の宝石箱。磨きあげられたくじゃく石は建物や装飾品の飾り石として好まれる。

鉱物のできる場所 こうぶつのできるばしょ

鉱物が生じる環境はさまざまです。岩石や海の中だったり、地球の奥深くだったり。人間の骨の中でも鉱物はできます。鉱物の成長には温度や圧力が影響をおよぼします。数千年の歳月をかけて成長する鉱物もある一方で、わずか数時間でできてしまう鉱物もあります。

堆積作用でできる鉱物

地球の表面でできる鉱物がある。たとえば無機物をたくさん含む熱い塩水が蒸発すると残った鉱物が蒸発岩をつくる。石灰岩をつくる方解石は海水中でも成長する。

モリブデン鉛鉱は鉛鉱石の割れ目で成長する

鉱物の脈

温泉や火山の下にある水には鉱物が溶けていることが多い。このような水が岩石の割れ目や穴で沈殿すると鉱脈ができる。

イエローストーン国立公園のマンモス・ホットスプリングスでは方解石の沈殿物が見られる。

かんらん石は火成岩に含まれる

変成作用でできる鉱物

造山帯では熱や圧力が既存の岩石を変化させる。同時に新しい鉱物も成長する。このような変成作用を受けた鉱物はたいてい結晶の形がよい。数十万年という時間をかけて熱や圧力が少しずつ岩石を変化させてできるざくろ石のような鉱物もある。

変成岩が変化するときに尖晶石も成長する

火成作用でできる鉱物

地球内部のマグマには鉱物をつくる化合物が含まれる。マグマや溶岩が冷えてかたまりはじめ火成岩をつくるとき鉱物も成長する。

鉱物のグループ こうぶつのグループ

地球には数千種類の鉱物があります。鉱物は含む化合物に基づいて大きく12のグループに分けられます。たくさん存在する鉱物もあれば、ダイアモンドのようにとてもめずらしく貴重な鉱物もあります。

元素鉱物

ほとんどの鉱物は数種類の化学元素の組み合わせからなる。ところが銀、金、硫黄などある種の元素は単独で自然界に存在する。このような鉱物を元素鉱物という。

石英の中の金

硫化鉱物

硫黄は金属と結合して硫化鉱物をつくる。硫化鉱物は温泉の近くや、石英脈の中でできる。硫化鉱物には辰砂や黄鉄鉱が含まれる。

辰砂は水銀の硫化鉱物

硫塩鉱物

硫塩鉱物には200種類のめずらしい鉱物が含まれる。硫塩鉱物は、硫黄と金属（銀、銅、鉛、鉄）と半金属（ヒ素やアンチモン）が結合してできる。

淡紅銀鉱はヒ素を含む

酸化鉱物

酸素と金属が結合すると酸化鉱物ができる。酸化鉱物には鉱石（金属を取り出す資源となる鉱物）や宝石として利用されるものがある。

金紅石はチタンと酸素が結合してできる

水酸化鉱物

金属元素と水素と酸素が結合すると水酸化鉱物ができる。水酸化鉱物は酸化鉱物よりも密度が低く、やわらかい。水酸化鉱物には鉱石鉱物として重要なものがある。アルミニウムの鉱石ボーキサイトも水酸化鉱物に含まれる。

ボーキサイト

ハロゲン化鉱物

金属と塩素、臭素、フッ素、ヨウ素が結合したハロゲン化鉱物はやわらかい。カリ岩塩はカリウム（金属）と塩素からなる。

ガラス光沢のある**立方体結晶**

カリ岩塩

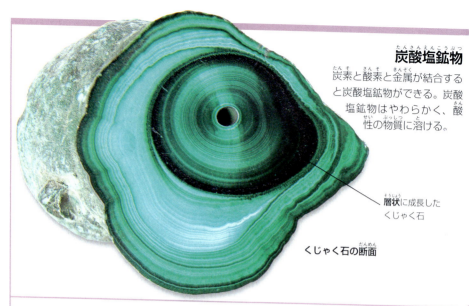

炭酸塩鉱物

炭素と酸素と金属が結合すると炭酸塩鉱物ができる。炭酸塩鉱物はやわらかく、酸性の物質に溶ける。

層状に成長したくじゃく石

くじゃく石の断面

コバルト華はヒ酸塩鉱物

リン酸塩鉱物、ヒ酸塩鉱物、バナジン酸塩鉱物

酸素がリン、ヒ素、バナジウムとそれぞれ結合してできるめずらしい鉱物。結晶の構造が似ているので同じグループに分けられる。鮮やかな色の鉱物が多い。

ホウ酸塩鉱物、硝酸塩鉱物

金属がホウ素と酸素と結合するとホウ酸塩鉱物、窒素と酸素と結合すると硝酸塩鉱物ができる。

ガラス光沢

ホウ酸塩鉱物の結晶

青ばんは
硫酸塩鉱物

硫酸塩鉱物、クロム酸塩鉱物、モリブデン酸塩鉱物、タングステン酸塩鉱物

200種類ほどの鉱物を含む大きなグループ。同じような元素からなり（酸素が金属または半金属と結合する）、同じような結晶構造をつくる。密度が高く、もろい。鮮やかな色の鉱物が多い。

珪酸塩鉱物

ソーダ沸石

すべての鉱物の4分の1が珪酸塩鉱物に含まれる。よく見られるだけでなく、長石や石英など岩石をつくる鉱物としても重要だ。雲母、ざくろ石、ソーダ沸石も珪酸塩鉱物。ケイ素と酸素からなる。

生物のつくる鉱物

生物がつくる鉱物もある。生物のつくる鉱物の中には結晶構造をもたない鉱物もある。こはく、サンゴ、真珠は生物がつくる宝石だ。こはくは針葉樹の樹液、サンゴは海生生物の骨格、真珠は二枚貝の貝殻からつくられる。

赤サンゴ

鉱物のグループ | 61

鉱物を見分ける こうぶつをみわける

鉱物を見分ける方法はたくさんあります。色や形を観察したり、光を当てて反射の仕方を調べたりするのも鉱物を見分ける手がかりになります。鉱物の硬さは基準となる鉱物に対するひっかきやすさで決められます。

結晶系
鉱物の結晶の形は対称性に基づいて大きく6種類の結晶系に分けられる。

立方晶系

単斜晶系

三斜晶系

三方晶系／六方晶系

斜方晶系

正方晶系

劈開
鉱物には割れやすい面がある。このような面に沿って割れる現象を劈開といい、程度に従って完全（割れた面がなめらかで光沢あり）、明瞭、不完全、困難（割れた面にでこぼこあり）に分けられる。

方解石の一種、**氷州石**は完全なひし形に劈開する。

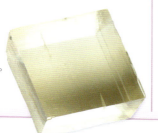

黒曜石の断口は貝殻に似る

断口
鉱物が劈開する面以外の場所で割れたときの割れた面を断口という。断口の形は針状（ギザギザ）、平坦（でこぼこはあるがおおむね平坦）、貝殻状、不平坦（まったく規則性がない）などになる。

晶 癖

鉱物の形を晶癖という。晶癖は結晶が成長するときにつくる形によって決まる。はっきりしない形の場合は塊状と表される。

針のような
スコレス沸石

植物のような形の**銅**

ナイフの刃のような
緑閃石

規則的な柱の形をした
緑柱石

爪の硬度は 2.5

硬さ

鉱物学者フレデリック・モースが考え出したモース硬度は、ひっかきやすさに基づいて鉱物の硬さをはかる方法。硬度が低い鉱物を傷つけ、硬度が高い鉱物によって傷つけられるという鉱物の性質を利用している。硬度1から10までの基準となる鉱物を使ってはかる。数字が大きいほどかたい。

モース硬度

1: 滑石	2: 石膏	3: 方解石	4: ほたる石	5: 燐灰石
6: 正長石	7: 石英	8: 黄玉	9: 鋼玉	10: ダイアモンド

比重

鉱物の重さを、同じ体積の水の重さと比較して表すことがある。このときの比を比重という。

碧玉の比重は2.7。つまり水の2.7倍重い。

色

同じ名前の鉱物でも、ちがう色に見えることがある。不純物を含んでいたり、結晶に傷があったりするからだ。

ほたる石にはいろいろな色がある。

条痕

鉱物を素焼きの板にこすりつけると粉末になり線が残る。このような線を条痕という。条痕の色は必ずしも見た目の色と同じではない。

石黄
辰砂
紅鉛鉱

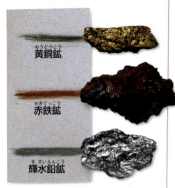
黄銅鉱
赤鉄鉱
輝水鉛鉱

透明度

光の通る程度によって透明、半透明、不透明に分けられる。光を通し、反対側が見える状態を透明、光を通す状態を半透明、光を通さない状態を不透明という。

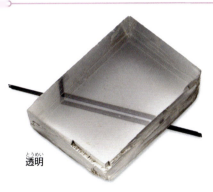
透明

半透明

不透明

光沢

鉱物を日光に当てたときの反射の仕方を光沢という。無光沢、樹脂光沢、絹光沢、金属光沢、ろう光沢、ガラス光沢などがある。一番明るい光沢を金剛光沢（ダイアモンドのような光沢）という。

方鉛鉱は光を反射すると金属のように見える

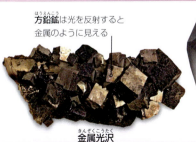
金属光沢

石英はガラス光沢

ガラス光沢

宝石 ほうせき

鮮やかな色を示し、大きくて、人目をひく鉱物の結晶は宝石とされます。このような鉱物は美しいうえに数も少ないことから珍重されます。

宝石は特別な化合物でできているわけではありません。地球上には4,500種類以上の鉱物が存在しますが、宝石とされるのは100種類ほどです。

カットや研磨される前の宝石は光沢がないことが多い

研磨されていない
ビルマ産のルビー

カットと研磨

宝石はカットと研磨をされてはじめて宝石としての美しさが現れる。ルビーなど色のある石はいろいろなカットを施すことで色に深みが出る。不透明または半透明の石はなめらかなだ円形にカットする。美しいけれどもやわらかかったり、もろかったりして研磨できない宝石もある。

異なるカットを組み合わせて美しさを引き出す

ミックスドカットのルビー　ブリリアントカットのアクアマリン　ステップカットのジルコン

貴石

宝石には貴石と半貴石の2種類がある。貴石とされるのはダイアモンド、アクアマリン、エメラルド、サファイア、ルビー、トパーズ、オパールの7種類だけ。宝石細工職人は異なるカットや色の宝石をうまく組み合わせてまばゆい宝飾品をつくる。

エメラルド

ルビー

サファイア

生物のつくる宝石

ほとんどの宝石は岩石でできているが、生物がつくる宝石もある。たとえば真珠は二枚貝でつくられる。サンゴ（海生生物から）、こはく（木の樹脂から）、黒玉（石炭から）なども生物のつくる宝石だ。

二枚貝の殻の上の真珠

現在**コ・イ・ヌール**は大英帝国王冠につけられている

大きな宝石

中には際立って美しかったり、大きかったりする宝石がある。このような宝石をメガジェムという。メガジェムの代表、コ・イ・ヌールは重さ109カラット（21.8g）のダイアモンド。

元素鉱物

ほかの元素と結合することなく単独の元素で自然界に存在する鉱物を元素鉱物といいます。元素鉱物には金属、半金属、非金属の3種類があります。

ここに注目！
金

金は宝飾品以外にもいろいろなものに使われる。

▲世界中で歯の治療に使われる金の量は1日に約23kgになる。

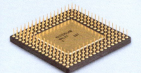

▲多くのコンピュータのマイクロチップは金でできた回路を使って情報を流す。

▲宇宙飛行士のヘルメットには、太陽のまぶしい光をさえぎるために金でメッキされた日よけがついている。

銅
Copper

銅は地表近くにあるほかの銅鉱床の上で産出する。人類がはじめて使った金属は掘り起こしたままの銅と考えられている。石の代わりに銅で兵器や道具をつくったようだ。現在では銅は電線や海底ケーブルをはじめいろいろな製品に使われる。

硬度 2.5〜3　**比重** 8.9
色 銅赤色から茶色
透明度 不透明
光沢 金属光沢

白金
Platinum

白金は金よりも産出量が少ない。宝飾品のほかに、車の排気ガスを処理する装置にも使われる。

硬　度　4～4.5
比　重　14～19
色　白みを帯びた鉄灰色
透明度　不透明
光　沢　金属光沢

銀
Silver

銀は電気も熱もよく通すので、電気産業で広く使われる。宝飾品や硬貨の材料としても用いられる。銀のおもな産地はペルー。

硬　度　2.5～3
比　重　10.1～11.1
色　銀白色
透明度　不透明
光　沢　金属光沢

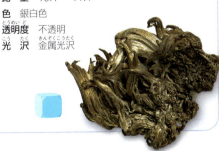

金
Gold

金は古代から富の基準だった。やわらかく、いろいろな形に加工しやすいので宝飾品の素材としても理想的だ。宝石細工職人は金に銀や銅といった金属を混ぜてかたくすることもある。空気にさらされても色や光沢を失わない点も重宝される。南アフリカは世界最大の金の産地。

硬　度　2.5～3
比　重　19.3
色　黄金色
透明度　不透明
光　沢　金属光沢

硫黄
Sulphur

古代中国で硫黄から火薬をつくる方法が発明された。

硫黄は温泉や火山クレーターのまわりでできる。火のついたマッチをかざすと青い炎をあげて燃える。大量に採掘され、爆薬、肥料、染料、薬、洗浄剤など幅広く利用される。

硬度	1.5～2.5
比重	2.1
色	黄色
透明度	透明から半透明
光沢	樹脂光沢から脂肪光沢

ダイアモンド
Diamond

ダイアモンドは炭素以外の元素を含まない。地球上で一番かたい鉱物。ダイアモンドを先端につけたドリルやカッターはどのような物質も切ることができる。ダイアモンドはきらびやかな輝きを放つ、世界でもっとも価値のある宝石だ。

硬 度 10
比 重 3.4〜3.5
色 白色から黒色、無色、黄色、ピンク色、赤色、青色、茶色
透明度 透明から不透明
光 沢 金剛光沢

石墨（グラファイト）
Graphite

英語名グラファイトは「書く」を意味するギリシア語 *graphein* に由来する。石墨を紙にこすりつけると黒い跡が残る。鉛筆の芯に使われる。もっともやわらかい鉱物のひとつであり、ナイフで切れる。

硬 度 1〜2
比 重 2.2
色 黒色
透明度 不透明
光 沢 金属光沢または無光沢、土光沢

鉄
Iron

鉄は地殻の5％をつくっている。地殻では酸素、ケイ素、アルミニウムについで4番目に多く存在する元素。鋼、磁石、車の部品をはじめとてもたくさんの製品に使われる。

硬 度 4.5　**比 重** 7.3〜7.9
色 鉄灰色から鉄黒色
透明度 不透明
光 沢 金属光沢

ニッケル-鉄
Nickel-iron

ニッケル-鉄は地表に落ちた隕石の中でよく見つかる。古代エジプト人は「空の鉄」とよび、ミイラにした王といっしょに埋葬する神聖な道具をつくった。

硬　度　4〜5
比　重　7.3〜8.2
色　　　鉄灰色、濃い灰色、やや黒色
透明度　不透明
光　沢　金属光沢

蒼鉛（ビスマス）
Bismuth

蒼鉛はとても産出量の少ない元素鉱物。ほとんどが熱水鉱脈やペグマタイトで産出する。半金属。水が凍ると体積が増えるように蒼鉛もかたまって固体になると体積が増える。

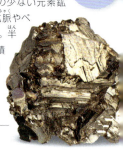

硬　度　2〜2.5
比　重　9.7〜9.8
色　　　銀白色、やや赤い変色を伴う
透明度　不透明
光　沢　金属光沢

砒（ヒ素、アルセニック）
Arsenic

砒に熱を加えると液体にならず、すぐに気体に変わる。強い毒性をもつが、感染症の治療薬に使われたこともある。殺虫剤にも利用されていた。

硬　度　3.5
比　重　5.7
色　　　錫白色
透明度　不透明
光　沢　金属光沢または無光沢、土光沢

水銀
Mercury

元素鉱物として存在する自然水銀は毒性が強い。水銀は室温で液体になる。わずかな温度変化に対してもふくらんだり縮んだりする性質を利用して温度計に使われる。

硬　度　液体
比　重　13.6〜14.4
色　銀白色
透明度　不透明
光　沢　金属光沢

英語名マーキュリーはローマ神話の商業の神にちなむ。

ダナキル砂漠で
一番低い場所は海抜マイナス100m

硫黄 地球上で一番低い場所にあるエチオピアのダナキル砂漠はとても暑い。ダナキル砂漠には火山、温泉、酸性の池があり、火山クレーターのまわりでは硫黄が結晶化している。明るい黄色の硫黄の結晶はあたり一帯に美しさをそえる。

硫化鉱物

硫黄に金属が結合した鉱物を硫化鉱物といいます。硫化鉱物には金属光沢があり、電気を通しますが、金属ほどではありません。硫化鉱物は鉛、亜鉛、鉄、銅の主要な鉱石です。銀や白金も硫化鉱物から取り出されます。

ここに注目!
用 途
硫化鉱物から得られる化学元素はさまざまな製品に利用される。

▲ 花火の青い色には、アンチモンの鉱石、輝安鉱が使われる。

▲ ローマ時代の鉛の地金(一定の形にかためられた金属の塊)。鉛は方鉛鉱など鉛の硫化鉱物から取り出された。

◀ 辰砂は水銀を含む。水銀は体温計に使われる。

方鉛鉱(ガレナ)
Galena

方鉛鉱はローマ時代から珍重された。現在は鉛の主要な鉱石。地殻の中で熱い溶液が上昇するとき方鉛鉱の立方体の結晶が成長する。方鉛鉱は鉛以外の金属も含む。

硬 度　2.5
比 重　7.6
色　　　鉛灰色
透明度　不透明
光 沢　金属光沢

閃亜鉛鉱（スファレライト）
Sphalerite

閃亜鉛鉱はさまざまな形で産出し、方鉛鉱とよくまちがわれる。閃亜鉛鉱は亜鉛の主要な鉱石。宝石として使われることもある。

硬　度　3〜4
比　重　3.9〜4.1
色　　　茶色、黒色、黄色
透明度　不透明から透明
光　沢　樹脂光沢から金剛光沢、金属光沢

針銀鉱 Acanthite（アカンサイト）

針銀鉱はとげ状の結晶をつくる。英語名アカンサイトはギリシア語で「とげ」を意味する akantha に由来する。針銀鉱は銀の主要な鉱石。

硬　度　2〜2.5
比　重　7.2〜7.4
色　　　黒色
透明度　不透明
光　沢　金属光沢

斑銅鉱（ボーナイト）
Bornite

虹色のまだら模様が現れることからくじゃく銅鉱ともよばれる。斑銅鉱は銅の鉱石。たいてい塊で産出し、結晶はめったに見られない。

硬　度　3
比　重　5.1
色　　　銅赤色、茶色
透明度　不透明
光　沢　金属光沢

銅藍（コベリン）
Covellite

英語名コベリンはこの鉱物をはじめて記録したイタリアの鉱物学者ニッコロ・コベリにちなむ。コベリはイタリア、ナポリ近くのベスビアス火山で銅藍を発見した。銅藍を熱すると青色の炎があがる。

硬　度　1.5〜2
比　重　4.6〜4.7
色　　　藍青色から黒色
透明度　不透明
光　沢　亜金属光沢から樹脂光沢

ペントランド鉱（ペントランダイト）
Pentlandite

英語名はアイルランドの科学者ジョセフ・ペントランドにちなむ。ニッケルの主要な鉱石。ニッケル鉱石からニッケルを取り出すためにはしっかり精製しなければならない。カナダとロシアに鉱床がある。隕石にも含まれる。

硬　度　3.5〜4
比　重　4.6〜5
色　　　青銅のような黄色
透明度　不透明
光　沢　金属光沢

辰砂（シンシャ）
Cinnabar

辰砂はとても強い毒性をもつ。水銀の主要な鉱石。古代中国で使われた明るい橙赤色の顔料の主成分でもある。火口や温泉のまわりでよく産出する。

硬　度　2〜2.5
比　重　8
色　　　赤色
透明度　透明から不透明
光　沢　金剛光沢から無光沢

硫カドミウム鉱（グリーノッカイト）
Greenockite

硫カドミウム鉱はカドミウムの鉱石。腐食しやすいため、鉄を精錬するときに腐食防止剤として利用される。ニッケルと混ぜて充電式電池に使われる。

硬　度　3～3.5
比　重　4.8～4.9
色　黄色、橙色、橙黄色、赤色
透明度　ほぼ不透明から半透明
光　沢　樹脂光沢または金剛光沢

硫カドミウム鉱の皮膜

磁硫鉄鉱（ピロータイト）
Pyrrhotite

磁硫鉄鉱はさまざまな割合で鉄と硫黄を含む、磁性をもつ鉱物。鉄の量が磁性に影響をあたえる。英語名は「炎の色」を意味するギリシア語 pyrrhos に由来する。

硬　度　3.5～4.5
比　重　4.6～4.7
色　青銅のような黄色から金赤色
透明度　不透明
光　沢　金属光沢

硫化鉱物

鶏冠石（リアルガー）
Realgar

鶏冠石はヒ素を含むので、触った後は必ず手を洗うこと！

鶏冠石は明るい赤色の特徴的な結晶をつくる。中国では絵画の顔料や花火のえん色剤（色を出す原料）に使われた。光に当たると結晶がくずれ黄色の粉に変わる。毒をもつヒ素の重要な鉱石であり、鶏冠石自体にも毒がある。

硬　度　1.5〜2
比　重　3.6
色　　　深紅色から橙黄色
透明度　半透明から不透明
光　沢　樹脂光沢から脂肪光沢

輝銅鉱（カルコサイト）
Chalcocite

輝銅鉱は重要な銅鉱石のひとつ。輝銅鉱の結晶は数百年にわたってイギリスのコーンウォールで採掘されてきた。銅は飛行機をはじめ、さまざまな製品に使われている。

硬　度　2.5～3
比　重　5.5～5.8
色　　　やや黒い鉛灰色
透明度　不透明
光　沢　金属光沢

硫錫鉱（スタンナイト）
Stannite

硫錫鉱はオーストラリア、タスマニアのジーハンやイギリスのコーンウォールで産出する。スズを含む熱水鉱脈で生成し、結晶はめったにつくらない。

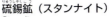

硬　度　4　　比　重　4.4
色　　　鋼灰色から鉄黒色
透明度　不透明
光　沢　金属光沢

黄銅鉱（カルコパイライト）
Chalcopyrite

黄銅鉱はそれほど銅を含まないが、広い範囲に分布しているため重要な銅鉱石とされる。黄銅鉱は高温、中温で沈殿した熱水鉱脈でよく産出する。

硬　度　3.5～4
比　重　4.2
色　　　青銅のような黄色
透明度　不透明
光　沢　金属光沢

硫化鉱物 | 81

輝安鉱（スティブナイト）
Stibnite

輝安鉱の柱の形をした長い結晶には変わった性質がある。ねじったり折り曲げたりできるのだ。輝安鉱はアンチモンの主要な鉱石。アンチモンは鉛をかたくしたり、顔料やプラスチックに加えると難燃性を高めたりする。

硬度	2
比重	4.6
色	鉛灰色から鋼灰色、黒色
透明度	不透明
光沢	金属光沢

柱状の結晶

古代には粉にした輝安鉱をまつげや眉毛に塗って化粧をした。

針ニッケル鉱（ミラーライト）
Millerite

針ニッケル鉱は合金に使われるニッケルの鉱石。針のような結晶や、塊をつくる。たいていは石灰岩や苦灰岩の空洞の中で低温で生成する。隕石にも含まれる。英語名はこの鉱物を最初に研究したイギリスの鉱物学者 W. H. ミラーにちなむ。

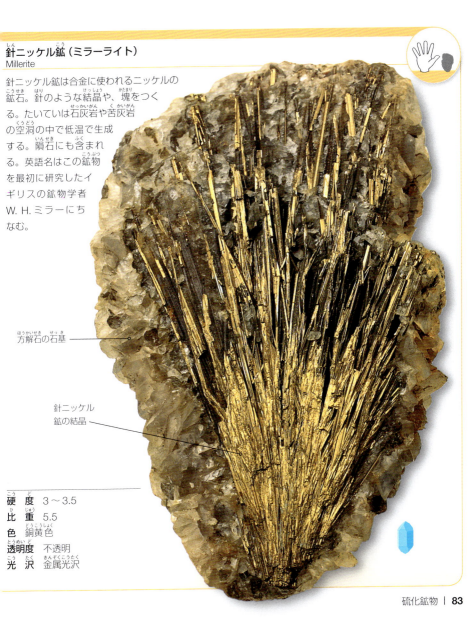

方解石の石基

針ニッケル鉱の結晶

硬　度　3〜3.5
比　重　5.5
色　　　銅黄色
透明度　不透明
光　沢　金属光沢

石黄（オーピメント）
Orpiment

英語名は「金色の顔料」を意味するラテン語 *auri pigmentum* に由来する。19世紀には顔料として使われていたが、毒性のあるヒ素を含むため現在は使われない。

- **硬度** 1.5～2
- **比重** 3.5
- **色** 黄色
- **透明度** 透明から半透明
- **光沢** 樹脂光沢

輝蒼鉛鉱（ビスマシナイト）
Bismuthinite

輝蒼鉛鉱はビスマスを含む、産出量の少ない鉱物。ビスマスを混ぜた金属は融点が下がるため、スプリンクラーヘッドなど防火装置に使われる。

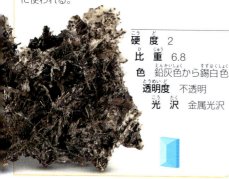

- **硬度** 2
- **比重** 6.8
- **色** 鉛灰色から錫白色
- **透明度** 不透明
- **光沢** 金属光沢

白鉄鉱（マーカサイト）
Marcasite

白鉄鉱はビクトリア朝後期には葬式など喪に服すときにつける宝石として使われた。結晶は空気に触れると濃い色に変わりやすい。

- **硬度** 6～6.5
- **比重** 4.9
- **色** 淡い青銅のような黄色
- **透明度** 不透明
- **光沢** 金属光沢

白亜の石基

黄鉄鉱（パイライト）
Pyrite

黄鉄鉱は「愚か者の金」ともよばれた。黄銅色で比重が高いため金とよくまちがわれたからだ。鉄でたたくと火花を散らす。英語名は「火」を意味するギリシア語 pyr に由来する。

立方体の晶癖

硬　度　6〜6.5
比　重　5
色　　　淡い黄銅色
透明度　不透明
光　沢　金属光沢

ハウエル鉱（ハウエライト）
Hauerite

ハウエル鉱はマンガンの硫化鉱物。塩鉱床のある場所で生成する。アメリカ合衆国のテキサス州、ロシアのウラル山脈、イタリアのシシリー島などで産出する。

硬　度　4
比　重　3.5
色　　　赤茶色から茶黒色
透明度　不透明
光　沢　金剛光沢から亜金属光沢

硬　度　5.5
比　重　6.3
色　　　銀白色、
　　　　ピンク色
透明度　不透明
光　沢　金属光沢

輝コバルト鉱（コバルタイト）
Cobaltite

輝コバルト鉱はコバルトの鉱石。コバルトを混ぜた金属は強度が上がり、熱耐性が増すので機械の部品に使われる。

硫化鉱物

硫砒鉄鉱（アルセノパイライト）
Arsenopyrite

硫砒鉄鉱は中温から高温で鉱脈をつくり、変成岩や火成岩の中で産出する。ヒ素の主要な鉱石。有毒物質であるヒ素を含む鉱物の中ではもっともよく産出する。

硬　度　5.5〜6
比　重　6.1
色　銀白色から鋼灰色
透明度　半透明
光　沢　金属光沢

結晶に条線が入る

熱を加えたり、たたいたりすると硫砒鉄鉱はニンニクのような匂いを放つ。

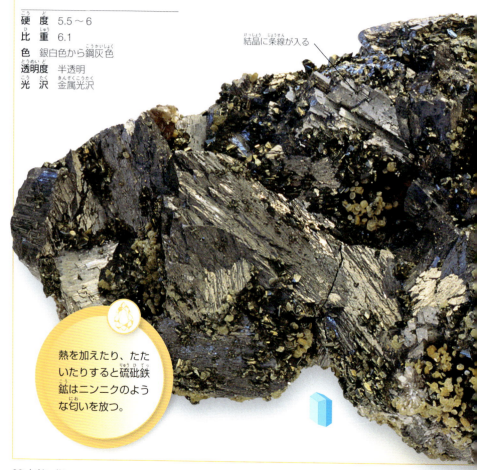

輝水鉛鉱（モリブデナイト）
Molybdenite

輝水鉛鉱は昔は鉛と考えられていたため、英語名は「鉛」を意味するギリシア語 *molybdos* に由来する。モリブデンの主要な鉱石。鉄や鋼に加えるとかたい合金になり、また腐食から守るはたらきもする。

硬　度　1〜1.5
比　重　4.7
色　　　鉛灰色
透明度　不透明
光　沢　金属光沢

シルバニア鉱（シルバナイト）
Sylvanite

シルバニア鉱は金鉱床や銀鉱床でよく産出するが、産出量は少ない。感光性があるため、明るい光に長く当たると反応して暗い色に変わる。

硬　度　1〜2
比　重　8.2
色　　　銀白色から淡い黄色
透明度　不透明
光　沢　金属光沢

硫化鉱物

銅

輝銅鉱はとても重要な銅鉱石のひとつ。銅は人類がはじめて出会った金属だ。銅はおもに銅鉱石から取り出される。多くの場合、銅鉱石に熱と化学物質を加え溶かして精製される。

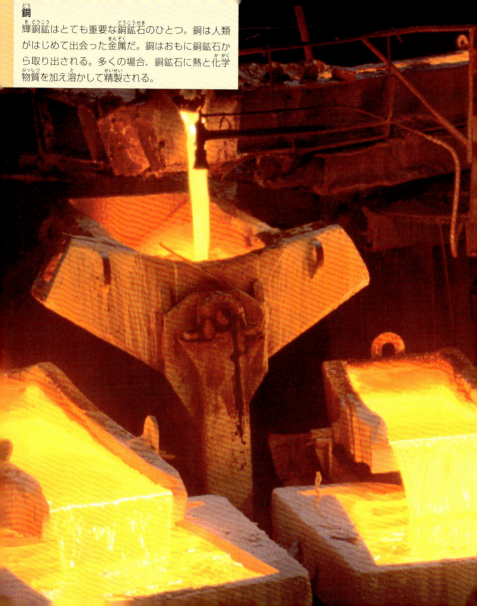

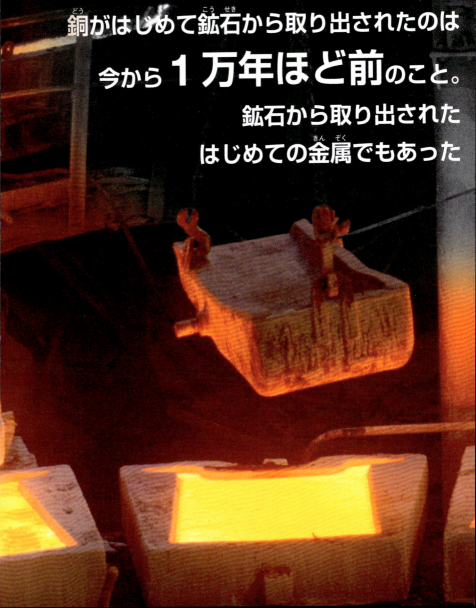

銅がはじめて鉱石から取り出されたのは今から1万年ほど前のこと。鉱石から取り出されたはじめての金属でもあった

硫塩鉱物

硫塩鉱物にはたくさんの鉱物が含まれ、そのほとんどが硫黄と金属や非金属とが結合しためずらしい鉱物です。硫塩鉱物は高密度でもろく、金属と似た光沢があります。

ここに注目！
産地

硫塩鉱物の産地として知られる場所は世界中にある。

▲ チェコ共和国のジャイアント山脈はポリバス鉱や淡紅銀鉱の主要な産地。

▲ 毛鉱と砒四面銅鉱（テンナンタイト）はメキシコのチワワ州で大量に産出する。

▲ ドイツのハルツ山地は車骨鉱、ブーランジェ鉱、ジンケン鉱などたくさんの硫塩鉱物の産地。

安四面銅鉱（テトラヘドライト）
Tetrahedrite

安四面銅鉱は重要な銅の鉱石。何世紀にもわたって世界中で採掘されている。銀も含むことから銀の鉱石としても採掘される。おもな産地はオーストリア、ドイツ、イギリス、メキシコ、ペルー。

硬 度　3〜4
比 重　4.6〜5.1
色　ひうち石のような灰色から鉄黒色
透明度　不透明
光 沢　金属光沢

濃紅銀鉱（パイラージライト）
Pyrargyrite

濃紅銀鉱は重要な銀の鉱石。光に当たると黒ずむ。英語名は「火」と「銀」を意味するギリシア語の pyr と argent に由来する。

硬　度　2.5
比　重　5.8
色　　　深赤色
透明度　半透明
光　沢　金剛光沢

淡紅銀鉱（プルースタイト）
Proustite

淡紅銀鉱は感光性があり、強い光に当たると透明な深い紅色が不透明な灰色に変わる。明るいワインレッド色の結晶は魅力的な宝石になる。とくにチリとドイツでよく産出する。

硬　度　2〜2.5
比　重　5.8
色　　　深い紅色、灰色
透明度　半透明
光　沢　金剛光沢か
　　　　ら亜金属光沢

車骨鉱（ブルノナイト）
Bournonite

車骨鉱は銅と鉛とアンチモンと硫黄が結合した鉱物。短い柱状の結晶をつくる。鉱物に富む、ドイツのハルツ山地では直径 2.5cm を超える結晶が見つかっている。結晶がくっつきながら成長して歯車のような形になることもある。

硬　度　2.5〜3
比　重　5.8
色　　　鋼灰色
透明度　不透明
光　沢　金属光沢

硫塩鉱物

酸化鉱物

酸素が金属や半金属と結合すると酸化鉱物ができます。酸化鉱物には1種類の金属または半金属を含む単純酸化鉱物と、複数の金属または半金属を含む複酸化鉱物があります。

ここに注目！
主要な鉱石
金属など有用な元素を含む鉱物は鉱石として採掘される。

ルビー
Ruby

鋼玉の赤色の変種。サンスクリット語で *ratnaraj*（貴重な石の王）とよばれる。地球上ではダイアモンドについでかたい鉱物。熱を加えると色がよくなり、透明度が上がる。ルビーに含まれるクロムが結晶の成長を妨げるためルビーの結晶はあまり大きくならない。したがって大きなルビーはとても価値が高い。ルビーにまつわる神話や言い伝えは多い。ミャンマーではルビーをもっていると幸せが訪れ、負け知らずになるとされる。ロシアではルビーは心臓、脳、血液の浄化、生命力によいとされる。

硬　度　9
比　重　4〜4.1
色　　　赤色
透明度　透明から半透明
光　沢　金剛光沢からガラス光沢

▲ 赤銅鉱（キュープライト）は銅の鉱石鉱物。銅はおもに電線に使われる。

▲ クロム鉄鉱はクロムの重要な鉱石。ステンレス鋼をつくるとき鋼にクロムを加える。

▲ 金紅石からとれるチタンはとても強く、飛行機、宇宙船、ミサイル、船に使われる。

サファイア
Sapphire

サファイアは鋼玉のもうひとつの変種。変成岩の中にもっとも豊富に含まれる。サファイアの大きな鉱床はほとんどない。サファイアには多色性があり、見る角度によってちがう色が現れる。サファイアはかたいが彫刻を施されることもある。スリランカで採掘された 423 カラットのローガンサファイアは世界最大のブルーサファイアとされる。

硬　度	9
比　重	4〜4.1
色	ほとんどの色が現れる
透明度	透明から半透明
光　沢	金剛光沢からガラス光沢

色むらが出ることもある

ガラス光沢

酸化鉱物 | 93

磁鉄鉱（マグネタイト）
Magnetite

磁鉄鉱は磁性がとても強いので、鉄を引きつけたり、方位磁針の針を動かしたりする。古代の中国ではじめて発明された方位磁針には磁鉄鉱が使われた。

硬　度　5.5〜6
比　重　5.2
色　　黒色から茶黒色
透明度　不透明
光　沢　金属光沢から半金属光沢

尖晶石（スピネル）
Spinel

尖晶石の赤色の変種はとてもかたいので、カットを刻んで宝石として利用される。ルビーに似る。大英帝国王冠を飾る「黒太子のルビー」は実際はルビーではなく尖晶石。

硬　度　7.5〜8
比　重　3.6
色　　赤色、黄色、橙赤色、青色、緑色、茶色、黒色
透明度　透明から半透明
光　沢　ガラス光沢

錫石（キャシテライト）
Cassiterite

錫石はスズの酸化鉱物。英語名は「スズ」を意味するギリシア語 kassiteros に由来する。スズの主要な鉱石。中国、マレーシア、インドネシアで産出する。

硬　度　6〜7　　比　重　7
色　　中くらいから濃い茶色
透明度　透明から不透明
光　沢　金剛光沢から金属光沢

紅亜鉛鉱（ジンサイト）
Zincite

紅亜鉛鉱は亜鉛の酸化鉱物。赤色を示す。結晶をほとんどつくらない。アメリカ合衆国ニュージャージー州スターリングヒルで産出する。

紅亜鉛鉱

硬　度　4
比　重　5.7
色　　橙黄色から深赤色
透明度　ほぼ不透明
光　沢　樹脂光沢

クロム鉄鉱（クロマイト）
Chromite

クロム鉄鉱はクロムの主要な鉱石。高速で金属を切る道具やステンレス鋼をつくるとき、クロムを鉄に混ぜる。

硬　度　5.5　比　重　4.7
色　濃い茶色、黒色
透明度　不透明
光　沢　金属光沢

金緑石（クリソベリル）
Chrysoberyl

アジアでは金緑石は「邪悪な眼」に対するお守りとして使われてきた。宝石とされる変種アレキサンドライトはとてもめずらしく、高い値がつけられる。

硬　度　8.5
比　重　3.7
色　緑色、黄色
透明度　透明から半透明
光　沢　ガラス光沢

赤鉄鉱（ヘマタイト）
Hematite

赤鉄鉱はもっとも重要な鉄鉱石。粉末が赤色を示すことから、英語名は「赤い血」を意味するギリシア語 *haimatitis* に由来する。古くから血と結びつけられてきた。新石器時代に埋葬された骨には赤鉄鉱の粉が塗られていた。

硬　度　5〜6
比　重　5.3
色　鋼灰色
透明度　不透明
光　沢　金属光沢から無光沢

灰チタン石（ペロブスカイト）
Perovskite

灰チタン石はマントル上部で産出する。ロシアのウラル山脈ではじめて発見された。

硬　度　5.5
比　重　4
色　黒色、茶色、黄色
透明度　透明から不透明
光　沢　金剛光沢、金属光沢

閃ウラン鉱（ウラニナイト）
Uraninite

閃ウラン鉱は放射線を出す。原子炉で燃料として使われるウランの主要な鉱石。ウランをほんの少量用いて陶器に色をつけていた時代もあった。

硬　度　5～6　比　重　6.5～11
色　黒色から茶黒色、濃い灰色、やや緑色
透明度　不透明
光　沢　亜金属光沢、ピッチ（原油を蒸留した後に残る黒いカス）状の油脂光沢、無光沢

サマルスキー石（サマルスカイト）
Samarskite

英語名はロシアの鉱山技師ワシーリー・サマルスキー・ビホヴェッツにちなむ。サマルスキー石はウランを含み、放射線を出す。ロシアのミアスで発見された。

硬　度　5～6
比　重　5.7
色　黒色
透明度　半透明から不透明
光　沢　ガラス光沢から樹脂光沢

板チタン石（ブルッカイト）
Brookite

英語名はイギリスの結晶学者 H. J. ブルックにちなむ。板チタン石には化学組成は同じだが結晶の形が異なる別の鉱物（このような関係にある鉱物を多形という）が存在する。

硬　度　5.5～6
比　重　4.1
色　さまざまな濃淡の茶色
透明度　不透明から透明
光　沢　金属光沢から金剛光沢

板チタン石

パイロクロア
Pyrochlore

パイロクロアは熱を加えると緑色に変わる。パイロクロアという名前は「火」と「緑」を意味するギリシア語からつけられた。ニオブ（鋼などの合金に使われる灰色のやわらかい金属）の重要な鉱石。

硬　度　5〜5.5
比　重　4.5
色　　茶色から黒色
透明度　半透明から不透明
光　沢　ガラス光沢から樹脂光沢

金紅石（ルチル）
Rutile

英語名は「赤い」または「輝く」を意味するラテン語 *rutilis* に由来する。石英の中では、濃い黄茶色や赤茶色ではなく淡い金色の金紅石が成長する。金紅石入り石英（針入り水晶）は昔から飾り石として使われてきた。

縦方向に入る条線

硬　度　6〜6.5
比　重　4.2
色　　赤茶色から赤色
透明度　透明から不透明
光　沢　金剛光沢から亜金属光沢

曹長石

酸化鉱物 | 97

水酸化鉱物

水酸化鉱物は金属と水と酸素が低温で結合すると生成します。おもに堆積岩の中で産出し、たいていとてもやわらかいです。水酸化鉱物には重要な鉱石鉱物がたくさんあります。

ダイアスポア
Diaspore

名前は「散らばる」を意味するギリシア語からつけられた。熱を加えるとパチパチ音を立ててくだけ散る性質にちなむ。ダイアスポアは角度によってちがう色に見えることがある。

硬度 6.5〜7
比重 3.4
色 白色、灰色、黄色、ライラック色、ピンク色
透明度 透明から半透明
光沢 ガラス光沢

ボーキサイト
Bauxite

ボーキサイトはアルミニウムの酸化鉱物や水酸化鉱物を含む数種類の鉱物からできているので厳密には岩石だが、鉱物に分類されることが多い。アルミニウムの重要な鉱石。採掘されるボーキサイトの90%はアルミニウムの抽出に使われる。

硬度 1〜3
比重 2.3〜2.7
色 白色、やや黄色、赤色、赤茶色
透明度 不透明
光沢 土光沢

針鉄鉱（ゲーサイト）
Goethite

英語名はドイツの詩人であり作家だったヨハン・ヴォルフガング・フォン・ゲーテにちなむ。ゲーテは熱心な鉱物学者でもあった。針鉄鉱は酸化鉄の水酸化鉱物。結晶には細い条線が入ることがある。

硬　度　5〜5.5
比　重　4.3
色　　　橙茶色から黒茶色
透明度　半透明から不透明
光　沢　金剛光沢から金属光沢

褐鉄鉱（リモナイト）
Limonite

褐鉄鉱は古代エジプトの時代から顔料として使われてきた。オランダの肖像画家アンソニー・ヴァン・ダイクも褐鉄鉱をよく用いた。ほかの鉱物が酸化（酸素と反応）してできる二次鉱物。結晶をつくらない。

硬　度　4〜5.5
比　重　2.7〜4.3
色　　　さまざまな濃淡の茶色、黄色
透明度　不透明
光　沢　土光沢。亜金属光沢または無光沢を示す場合もある

水酸化鉱物 | 99

ハロゲン化鉱物

ハロゲン化鉱物はやわらかく、比重が低いです。ハロゲン化鉱物は、金属と1種類のハロゲン（フッ素、塩素、臭素、ヨウ素）が結合してできます。

ここに注目！
家庭で使われる鉱物

家の中にはハロゲン化鉱物に関連した製品がたくさんあり、わたしたちは毎日のように使っている。

▲アルミニウムをつくるときに氷晶石が使われる。アルミニウムからはアルミホイルがつくられる。

▲岩塩は保存料や、調味料として使われる。

▲ほたる石から取り出されるフッ素はフライパンに使われる。フッ素加工のフライパンはくっつかない。

岩塩 Halite（ハライト）

岩塩は食卓塩として使われる。塩は人間や動物の生命の維持に必要な成分であり、保存料としても利用される。石けんやガラスをつくるときにも使われる。岩塩は、塩水が蒸発すると塩が堆積してできる。世界中で産出する。

硬度	2.5
比重	2.1～2.6
色	無色から白色
透明度	透明から半透明
光沢	ガラス光沢

ほたる石（フルオライト）
Fluorite

ほたる石は溶けやすい。英語名は「流れる」を意味するラテン語 *fluere* に由来する。紫外線を当てると光（蛍光）を放つ。

硬　度　4
比　重　3.2〜3.6
色　　　ほとんどの色
透明度　透明から半透明
光　沢　ガラス光沢

氷晶石（クリオライト）
Cryolite

溶かした氷晶石を酸化アルミニウムに混ぜてアルミニウムをつくる。アルミニウムは飛行機や工業製品の材料となる。

硬　度　2.5
比　重　3
色　　　無色から雪白色
透明度　透明から半透明
光　沢　ガラス光沢から脂肪光沢

光ろ石（カーナライト）
Carnallite

光ろ石はカリウムとマグネシウムの塩化物に水がくっついた成分からなる。カリウムの重要な鉱石鉱物。

硬　度　2.5
比　重　1.6
色　　　乳白色。やや赤色が多い
透明度　半透明から不透明
光　沢　脂肪光沢

アタカマ石（アタカマイト）
Atacamite

アメリカ合衆国ニューヨーク州の自由の女神像の緑色は表面に析出したアタカマ石の色。英語名はチリのアタカマ砂漠に由来する。

硬　度　3〜3.5
比　重　3.8
色　　　明るい緑色から黒緑色
透明度　透明から半透明
光　沢　金剛光沢からガラス光沢

ハロゲン化鉱物

世界最大の塩原、ウユニ塩原には
約100億トンの塩がある

岩塩
岩塩の大きな結晶は海や塩水湖の水が蒸発してできる。ボリビアのウユニ塩原は、アンデス山脈が隆起したときに残された塩湖が干上がってできた。面積は1万582km²におよぶ。

炭酸塩鉱物

炭酸塩鉱物は炭酸塩（炭素と酸素からなる）と金属または半金属が結合してできた鉱物です。大理石や白亜といった岩石、海生生物の殻やサンゴ礁から産出します。

ここに注目！
方解石
カルシウムの炭酸塩鉱物。地殻にある炭酸塩鉱物の大部分は方解石。方解石はいろいろなものに利用される。

菱亜鉛鉱（スミソナイト）
Smithsonite

菱亜鉛鉱は塊で産出する。その形は鍾乳石、ぶどう、はちの巣に似る。結晶はあまりつくらないが、ナミビアのツメブでは長さ2cmほどの大きな結晶が見つかっている。亜鉛の鉱石鉱物として古代から真ちゅう（亜鉛と銅の合金）の製造に使われてきた。現在では厚みのある石は飾り石にされたり、カットや研磨ののち宝石にされたりする。

硬　度　4〜4.5
比　重　4.4
色　　　白色、青色、緑色、黄色、茶色、ピンク色、無色
透明度　半透明から不透明
光　沢　ガラス光沢から真珠光沢

▲ 古代エジプトでは白色や黄色の方解石が採掘され、建物や彫像に使われた。

▲ 大理石は方解石の一種。がんじょうなうえに美しいので、現在でも建物に使われる。

▲ 洞くつの天井からぶら下がる細長い鍾乳石は、水が滴り落ちてできた方解石の塊。

▲ 方解石から取り出される炭酸カルシウムは胃薬の主成分。

方解石（カルサイト）
Calcite

方解石は地球上でよく見られる三大炭酸塩鉱物のひとつ。水のある環境であればどこでもできる。貝は海水を取りこみ方解石で貝殻をつくる。方解石の結晶は美しい。いろいろな色があるが不純物のない方解石は白色または無色。

硬 度　3
比 重　2.7
色　　無色、白色、黄色、黒色、緑色
透明度　透明から半透明
光 沢　ガラス光沢

菱鉄鉱（シデライト）
Siderite

菱鉄鉱は鉄の炭酸塩鉱物。英語名は「鉄」を意味するギリシア語 sideros に由来する。明るい光沢がある。結晶の面は湾曲していることが多い。熱すると磁性を帯びる。写真の菱鉄鉱は明るく輝いている。

硬 度　3.5〜4
比 重　3.9
色　　黄茶色から濃い茶色
透明度　半透明
光 沢　ガラス光沢から真珠光沢

炭酸塩鉱物

あられ石（アラゴナイト）
Aragonite

あられ石は地表近くの低い温度ででき、洞くつや温泉の周辺で産出する。いろいろな形をつくる。写真のようにサンゴに似た形のあられ石はフロスフェリ（鉄の華）とよばれる。

硬　度　3.5～4
比　重　2.9
色　　　無色、白色、灰色、やや黄色、やや赤色、緑色
透明度　透明から半透明
光　沢　ガラス光沢からやや樹脂光沢

くじゃく石（マラカイト）
Malachite

くじゃく石はかなり昔から使われている銅の鉱石鉱物。古代エジプトでは目を病気から守るためにくじゃく石の粉を目のまわりに塗った。

硬　度　3.5～4
比　重　3.9～4
色　　　明るい緑色
透明度　半透明
光　沢　金剛光沢から絹光沢

菱マンガン鉱（ロードクロサイト）
Rhodochrosite

菱マンガン鉱はマンガンの炭酸塩鉱物。宝石として使われる結晶はアメリカ合衆国や南アフリカで産出し、収集家向けにカットを施される。しま模様のある菱マンガン鉱もたくさん産出し装飾に用いられる。

古代インカの人びとは菱マンガン鉱を、石になった古代の王と王妃の血と考えていた。

硬　度　3.5〜4
比　重　3.8
色　ローズピンク色、茶色または灰色
透明度　透明から半透明
光　沢　ガラス光沢から真珠光沢

水亜鉛銅鉱（オーリチャルサイト）
Aurichalcite

英語名は「金色の銅」を意味するラテン語に由来する。独特のベルベットのような皮膜をつくる。銅を含むので、燃やすと緑色の炎があがる。

硬　度　1〜2
比　重　4.2
色　空青色、緑青色、淡い緑色
透明度　透明から半透明
光　沢　絹光沢から真珠光沢

アンケル石（アンケライト）
Ankerite

アンケル石は銅よりかたく、鋼よりやわらかい。結晶は湾曲する。産出量がとても少なく、特別な目的のために採掘されることはない。

硬　度　3.5〜4
比　重　2.9
色　無色から淡い黄褐色
透明度　半透明
光　沢　ガラス光沢から真珠光沢

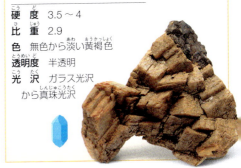

炭酸塩鉱物 | 107

バリウム方解石（バリトカルサイト） Barytocalcite

バリウム方解石はバリウムと方解石からなる。表面には条線が入り、盛り上がった部分は犬の歯に似る。おもに石灰岩の中で産出する。塩酸に入れると泡を出す。

硬　度　4
比　重　3.7
色　　　白色、やや灰色、やや緑色、やや黄色
透明度　透明から半透明
光　沢　ガラス光沢から樹脂光沢

苦灰石（ドロマイト） Dolomite

苦灰石はよく産出する鉱物。鞍の形に湾曲した結晶を見れば苦灰石とわかる。岩石をつくる重要な鉱物。わずかだがマグネシウムの鉱石でもある。

硬　度　3.5〜4
比　重　2.8〜2.9
色　　　無色、白色、クリーム色
透明度　透明から半透明
光　沢　ガラス光沢

菱苦土石（マグネサイト） Magnesite

菱苦土石は高温にしてもほとんど溶けないため、炉やかまどの内張りに使われる。合成ゴムの製造にも利用される。

硬　度　4
比　重　3
色　　　白色、薄い灰色、やや黄色、やや茶色
透明度　透明から半透明
光　沢　ガラス光沢

フォスゲン鉱（フォスゲナイト） Phosgenite

地表近くで鉛に富む鉱物が水と反応してできる。産出量は少ない。英語名は無色で毒性の強いガス、ホスゲンに由来する。ホスゲンもフォスゲン鉱も炭素と酸素と塩素からできているから。

硬　度　2.5〜3
比　重　6.1
色　　　白色、黄色、茶色、緑色
透明度　透明から半透明
光　沢　樹脂光沢

藍銅鉱（アズライト）
Azurite

英語名は「青い」を意味するペルシア語 *lazhudward* に由来する。15世紀から17世紀にかけてヨーロッパでは天然の顔料として絵画に使われた。銅の鉱石鉱物のひとつでもある。

硬　度　3.5〜4
比　重　3.8
色　空色、濃い青色
透明度　透明から半透明
光　沢　ガラス光沢から無光沢、土光沢

アルチニ石（アルチナイト）
Artinite

アルチニ石は、細い針状の結晶が集まりふわふわのボールのような塊をつくる。冷たい酸に溶けて水と二酸化炭素を出す。

硬　度　2.5
比　重　2
色　白色
透明度　透明
光　沢　ガラス光沢

放射状に集まった、小さな結晶

ストロンチアン石（ストロンチアナイト）　Strontianite

ストロンチアン石は短い柱や針の形の結晶をつくる。ストロンチウムの主要な鉱石。さとうきびから砂糖を取り出すときにも使われる。

硬　度　3.5〜4
比　重　3.7
色　無色、灰色、緑色、黄色、やや赤色
透明度　透明から半透明
光　沢　ガラス光沢

重炭酸ソーダ石（トロナ）
Trona

英語名は「塩」を意味するアラビア語の *natrun* に由来する。塩分を多く含む乾燥した砂漠などの地表で粉状で産出することが多い。ナトリウムの鉱石でもある。

硬　度　2.5〜3
比　重　2.1
色　無色から灰色、黄白色
透明度　透明から半透明
光　沢　ガラス光沢、ぬれたような光沢

炭酸塩鉱物

リン酸塩鉱物、ヒ酸塩鉱物、バナジン酸塩鉱物

リン酸塩鉱物、ヒ酸塩鉱物、バナジン酸塩鉱物は似たような原子の組み合わせでできているので同じグループに分類されます。この中で一番種類が多いのは、200種以上が存在するリン酸塩鉱物です。

バリッシャー石（バリスサイト）
Variscite

英語名は、最初に発見された場所、ドイツ、フォークトラントの旧名バリスシアにちなむ。宝飾品に加工されることもあるが、小さな穴がたくさんあいているため肌に直接触れると皮脂を吸収して色が変わる。

硬　度　4.5
比　重　2.6
色　　　淡い緑色からアップルグリーン色
透明度　不透明
光　沢　ガラス光沢からろう光沢

緑鉛鉱（パイロモルファイト）
Pyromorphite

緑鉛鉱は鉛鉱床の酸化帯で産出する。産出量は少ないが鉛の鉱石。英語名は「火」と「形」を意味するギリシア語の *pyr* と *morphe* に由来する。熱を加えて溶かしたのちに冷やすと結晶ができる性質にちなむ。

硬　度　3.5～4
比　重　7
色　　　緑色、黄色、橙色、茶色
透明度　透明から半透明
光　沢　樹脂光沢

銀星石（ワーベライト）
Wavellite

放射状の結晶

銀星石は酸素とアルミニウムとリンを含む。チャート、石灰岩、花崗岩の中でボールのような結晶をつくる。ボールの形の結晶が壊れると円板になる。

硬　度　3.5～4
比　重　2.4
色　　　緑色または白色
透明度　半透明
光　沢　ガラス光沢から樹脂光沢

トルコ石（ターコイズ）
Turquoise

トルコ石は古い時代から宝石用の石として採掘されてきた。鉄や銅の含有量によって空青色から緑色まで変化する。ペルシア（現在イラン）ではトルコ石が国の石とされ、新月の細い月をトルコ石に反射させて見ると幸せになると信じられていた。

硬　度　5～6
比　重　2.6～2.8
色　　　青色、緑色
透明度　たいてい不透明
光　沢　ろう光沢から
　　　　無光沢

リン酸塩鉱物、ヒ酸塩鉱物、バナジン酸塩鉱物

燐灰石（アパタイト）
Apatite

カルシウムとリンを含む鉱物をまとめて燐灰石という。燐灰石はマッチをはじめさまざまな製品の原料に使われる。紫水晶、アクアマリン、かんらん石など別の鉱物とよく似ていることから、英語名は「裏切り」を意味するギリシア語の *apate* に由来する。

硬　度　5
比　重　3.1〜3.2
色　　　緑色、青色、すみれ色、紫色、無色、黄色、バラ色
透明度　透明から半透明
光　沢　ガラス光沢、ろう光沢

カルノー石（カルノタイト）
Carnotite

カルノー石は放射能をもつ。ウランの重要な鉱石。ラジウムガスを放出する。

硬　度　2
比　重　4.7
色　　　黄色
透明度　亜透明から不透明
光　沢　真珠光沢から無光沢

葉銅鉱（カルコフィライト）
Chalcophyllite

葉銅鉱は銅を含み、葉のような形に成長する。英語名は「銅」と「葉」を意味するギリシア語に由来する。鋳造しやすいので、紀元前4000年から鋳物がつくられていた。

硬　度　2
比　重　2.7
色　　　鮮やかな青緑色
透明度　透明から半透明
光　沢　真珠光沢からガラス光沢

アダム鉱（アダマイト）
Adamite

たいていのアダム鉱は強い蛍光を発し、紫外線を当てると鮮やかな色を放つ。市場に流通していないが、明るい光沢のある結晶は鉱物収集家の間で人気だ。

硬　度　3.5
比　重　4.4

色　黄色、緑色、ピンク色、すみれ色
透明度　透明から半透明
光　沢　ガラス光沢

コバルト華（エリスライト）
Erythrite

コバルト華は明るい色を示す。コバルト、ニッケル、銀の鉱石。カナダとモロッコでは美しいコバルト華が産出する。

硬　度　1.5～2.5
比　重　3.1
色　紫ピンク色
透明度　透明から半透明
光　沢　金剛光沢からガラス光沢、真珠光沢

ミメット鉱（ミメタイト）
Mimetite

ミメット鉱の鉱床は鉛とヒ素がいっしょに産出する場所にある。緑鉛鉱にとてもよく似ることから、英語名は「模倣者」を意味するギリシア語の mimetes に由来する。

硬　度　3.5～4
比　重　7.3
色　淡い黄色から黄茶色、橙色、緑色
透明度　半透明
光　沢　樹脂光沢

リン酸塩鉱物、ヒ酸塩鉱物、バナジン酸塩鉱物

トルコ石 トルコ石がメキシコや中央アメリカではじめて使われたのは紀元200年から900年の間。盾やかぶとなどを飾るモザイクの材料とされた。トルコ石の石片を1万4,000個も使ったモザイクも残されている。

古代アステカで葬儀のとき頭蓋骨にかぶせた仮面。トルコ石と金と貝殻でできている

硝酸塩鉱物、ホウ酸塩鉱物

酸素が窒素と結合すると硝酸塩鉱物、ホウ素と結合するとホウ酸塩鉱物ができます。どちらも比重が低く、たいていやわらかいです。

ここに注目！
ホウ素
ほう砂はホウ素の主要な鉱石。ホウ素は多くの生活必需品の製造に使われる。

▲ホウ素には植物の成長を助けるはたらきがあるため、肥料によく添加される。

◀口内洗浄剤にホウ素が入っていることがある。ホウ素には抗菌作用がある。

▲ほう砂から取り出されるホウ素化合物は石けんの重要な成分だ。

ほう砂（ボラックス）
Borax

英語名は「白」を意味するアラビア語の buraq に由来する。砂漠の大きな湖の底でできる蒸発鉱物。ナトリウムとホウ素を含む。ほう砂は溶けてすぐに無色のガラスのようになる。ホウ素の鉱石でもある。

硬　度	2〜2.5
比　重	1.7
色	無色
透明度	透明から半透明
光　沢	ガラス光沢から土光沢

ハウ石（ハウライト）
Howlite

英語名は発見者であるカナダの化学者ヘンリー・ハウにちなむ。色をつけて、トルコ石の代わりに使われることもあるが、トルコ石ほどかたくなく、色も深みが足りない。アメリカ合衆国カリフォルニア州デスバレーに大きな鉱床がある。

硬　度　3.5
比　重　2.6
色　　　白色
透明度　半透明から不透明
光　沢　ほぼガラス光沢

チリ硝石
Nitratine

チリ硝石は乾燥した地域の地表で鉱床をつくる。鉱床には粉状のチリ硝石が広がる。水に溶けやすく、空気中の湿気を吸収しやすい。おもに大きな粒状や皮殻状で産出する。

硬　度　1.5〜2
比　重　2.3
色　　　白色または無色
透明度　透明
光　沢　ガラス光沢

硝酸塩鉱物、ホウ酸塩鉱物

硫酸塩鉱物、クロム酸塩鉱物、モリブデン酸塩鉱物、タングステン酸塩鉱物

酸素が硫黄、クロム、モリブデン、タングステンと結合すると硫酸塩鉱物、クロム酸塩鉱物、モリブデン酸塩鉱物、タングステン酸塩鉱物ができます。いずれも、それぞれが含む金属または半金属の重要な鉱石です。

紅鉛鉱（クロコアイト）
Crocoite

明るい色にちなみ、英語名は「サフラン」を意味するギリシア語からつけられた。ところが光を当てると輝きを失う。オーストラリアのタスマニア州では美しい紅鉛鉱が産出し、紅鉛鉱は州の石に定められている。

硬　度　2.5〜3
比　重　6
色　　　橙色、赤色
透明度　透明から半透明
光　沢　ガラス光沢

ここに注目！
石膏

産出量の多い硫酸塩鉱物、石膏は建物や彫像など幅広く使われる。

▲ 石膏は焼き石膏やモルタルの原料になる。産業分野では接着剤としても利用される。

▲ 細かい粒状のアラバスター（雪花石膏）は彫刻や装飾品に使われる。

モリブデン鉛鉱（ウルフェナイト）
Wulfenite

英語名は鉱物学者 F. X. ヴュルフェンにちなむ。量は少ないがモリブデンの鉱石。鉛鉱石といっしょに産出することが多い。独特の四角形の結晶が重なっているようすはプラスチックの板を組み合わせたように見える。メキシコ、アメリカ合衆国、ザンビア、中国、スロベニアでは大きな結晶が産出する。

硬度	2.5〜3
比重	6.5〜7
色	黄色、橙色、赤色
透明度	透明から半透明
光沢	金剛光沢から脂肪光沢

硫酸塩鉱物、クロム酸塩鉱物、モリブデン酸塩鉱物、タングステン酸塩鉱物

鉄重石（ファーベライト）
Ferberite

英語名はドイツの鉱物学者モーリッツ・ルドルフ・フェルバー博士にちなむ。鉄のタングステン酸塩鉱物。結晶は平らな面が階段のように重なった形が多い。タングステンの鉱石。タングステンは電球のフィラメントとして使われるなどとても役に立つ金属。

硬　度　4〜4.5　　比　重　7.5
色　黒色
透明度　不透明
光　沢　亜金属光沢

胆ばん（カルカンサイト）
Chalcanthite

石膏（ジプサム）
Gypsum

石膏は海水が蒸発してできる。石膏をはじめ地表でできる鉱物はたいていやわらかい。石膏はとてもよく産出し、世界中のいろいろな場所で大量に採掘される。焼き石膏、アラバスター、肥料、ある種の爆薬には石膏が使われる。

硬　度　2
比　重　2.3
色　無色、白色、薄い茶色、黄色、ピンク色
透明度　透明から半透明
光　沢　ほぼガラス光沢から真珠光沢

胆ばんは水によく溶けるので、乾燥地域でより多く産出する。名前は「銅」と「花」を意味するギリシア語に由来する。チリなど乾燥した地域では大量に産出し、重要な銅鉱石として採掘される。

硬度 2.5
比重 2.3
色 青色
透明度 透明
光沢 ガラス光沢

ブロシャン銅鉱（ブロシャンタイト）
Brochantite

英語名はフランスの鉱物学者 A. J. M. ブロシャン・ド・ヴィリエにちなむ。銅の鉱石。針のような結晶はたいてい長さ数ミリメートルだが、ナミビアやアメリカ合衆国アリゾナ州では1cmを超える大きな結晶が産出する。

硬度 3.5〜4　比重 4
色 エメラルドグリーン色
透明度 半透明
光沢 ガラス光沢

灰重石（シェーライト）
Scheelite

アリゾナ州では重さ7kgにもなる不透明の灰重石の結晶が産出している。タングステンの主要な鉱石。1969年にアポロ11号を打ち上げたサタンVロケットのノズル部分はタングステン鋼でつくられていた。

硬度 4.5〜5
比重 6.1
色 白色、黄色、茶色、緑色
透明度 透明から半透明
光沢 ガラス光沢から脂肪光沢

重晶石（バライト）
Baryte

比重が高いことから英語名は「重い」を意味するギリシア語 barys に由来する。バリウムの主要な鉱石。石油やガスを採掘するとき、紙や繊維をつくるときに利用される。

硬度 3〜3.5
比重 4.5
色 無色、白色、灰色、やや青色、やや緑色、ベージュ色
透明度 透明から半透明
光沢 ガラス光沢、樹脂光沢、真珠光沢

硫酸塩鉱物、クロム酸塩鉱物、モリブデン酸塩鉱物、タングステン酸塩鉱物

ここに注目！
宝石
ある種の珪酸塩鉱物のつくる美しい色の結晶は、宝石用の石として利用される。

▶ ひすいはじょうぶな鉱物。彫刻に向く。

▲ プレシャス・オパールができるのは別の岩石の中の、何にもじゃまされない空洞でだけ。

▲ 黄玉は太陽神ラーの光に照らされて色がついた、と古代エジプト人は考えていた。

珪酸塩鉱物

珪酸塩鉱物は多くの種類を含む一番大きな鉱物のグループです。量もたくさん産出します。珪酸塩鉱物は火成岩や変成岩の主要な成分です。ケイ素と酸素からなり、ほとんどがかたく透明で、中程度の密度です。

石英（水晶、クォーツ）
Rock crystal

石英は地球上でもっともありふれた鉱物のひとつ。六角柱の形をした結晶をつくる。石英の結晶は熱線ランプ、プリズム、さまざまな電気装置などに使われる。

硬　度　7
比　重　2.7
色　　　無色
透明度　透明
光　沢　ガラス光沢

紫水晶（アメシスト）
Amethyst

英語名はギリシア神話に出てくる娘の名アメシストにちなむ。紫水晶はわずかに含む鉄によって着色する。19世紀にはとても人気の宝石だった。熱を加えると黄茶色に変わることもある。黄茶色に変色した石は黄水晶として流通することが多い。

硬　度　7
比　重　2.7
色　すみれ色
透明度　不透明から半透明
光　沢　ガラス光沢

黄水晶（シトリン）
Citrine

英語名は「黄色」を意味するラテン語 *citrina* に由来する。酸化鉄により着色する。ゴールドトパーズとよばれることもある。

硬　度　7
比　重　2.7
色　黄色、黄茶色
透明度　半透明かられほぼ不透明
光　沢　ガラス光沢

紅水晶（ローズクォーツ）
Rose quartz

紅水晶は石英のピンク色の変種。古代から彫刻の素材として使われてきた。パワーストーンの愛好家の間では、直接肌につけると無条件の愛を運んでくれると信じられている。

硬　度　7
比　重　2.65
色　ピンク色やローズ色を含むさまざまな色
透明度　半透明からほぼ不透明
光　沢　ガラス光沢

珪酸塩鉱物

メノウ（アガーテ）
Agate

しま模様のある玉髄（石英の微小結晶の集まり。カルセドニー）をメノウという。しま模様はたいてい共通の中心を取り囲みながら成長する。岩石のすき間や噴出火成岩の中でできる。

硬　度　6.5〜7
比　重　2.6
色　無色、白色、黄色、灰色、茶色、青色、赤色
透明度　半透明から不透明
光　沢　ガラス光沢からろう光沢

血玉髄（ブラッドストーン）
Bloodstone

古代ギリシアの言い伝えによれば、血玉髄には健康を保ち、鼻血や怒りや仲たがいから守ってくれるはたらきがある。血玉髄の赤い斑点はしたたり落ちた血のあとのように見える。

硬　度　6.5〜7
比　重　2.6
色　赤色の斑点のある、さまざまな色
透明度　半透明から不透明
光　沢　ガラス光沢

縞メノウ（オニックス）
Onyx

交互に色のちがう横しま模様のあるメノウを縞メノウという。半貴石。対比する色の層は彫刻の素材に好まれる。

半透明で、茶色の赤縞メノウ

硬　度　6.5〜7
比　重　2.6
色　さまざまな色
透明度　半透明からほぼ不透明
光　沢　ガラス光沢

縞メノウはシリカの堆積層の中で成長し、さまざまな色のしま模様をつくる

蛋白石（オパール）
Opal

蛋白石はいろいろな形で産出する。結晶の形もさまざま。半貴石として扱われる。おもにオーストラリアで産出する。

硬 度 5〜6　**比 重** 1.9〜2.3
色 無色、白色、黄色、橙色、ローズ赤色、黒色、濃い青色
透明度 透明から半透明
光 沢 ガラス光沢

サード
Sard

サードは半透明の鉱物。古代からカメオや宝石に使われてきた。インダス文明（紀元前約2300〜1500年）の最古の中心地のひとつ、ハラッパではサードからビーズがつくられた。

硬 度 6.5〜7
比 重 2.6
色 薄い茶色から濃い茶色
透明度 半透明から不透明
光 沢 ガラス光沢

珪酸塩鉱物

青金石（ラズライト）
Lazurite

青金石は石灰岩の中でできるめずらしい鉱物。ラピスラズリ（数千年前から彫刻、薬、化粧品、宝石の原料として珍重されてきた岩石）の主成分。ウルトラマリン（群青色の顔料）の主成分でもある。青金石の美しい結晶はアフガニスタンで産出する。

硬　度　5〜5.5
比　重　2.4
色　さまざまな色合いの青色
透明度　半透明から不透明
光　沢　無光沢からガラス光沢

白榴石（リューサイト）
Leucite

白榴石は白色で産出することが多い。英語名は「白色」を意味するギリシア語 leukos に由来する。カリウムに富み、おもにシリカに乏しい火成岩の中だけでできる。

硬　度　5.5〜6
比　重　2.5
色　白色、灰色、無色
透明度　透明から半透明
光　沢　ガラス光沢

白榴石
石基

正長石（オーソクレース）
Orthoclase

正長石は岩石をつくる主要な鉱物。花崗岩の特徴的なピンク色は正長石の色。セラミックス産業では製品の元になる粘土や釉薬として使われる重要な鉱物。なめらかで独特の光を放つ変種、月長石（ムーンストーン）はインドでは聖なる石とされる。

硬　度　6
比　重　2.5 〜 2.6
色　無色、白色、クリーム色、黄色、ピンク色、茶赤色
透明度　透明から半透明
光　沢　ガラス光沢

カンクリン石（カンクリナイト）
Cancrinite

カンクリン石が最初に発見されたのはロシアのウラル山脈。多くの火成岩の中でできる。結晶はめずらしいが、成長すると幅数センチメートルになることもある。

硬　度　5〜6
比　重　2.5
色　淡い黄色から濃い黄色、橙色、すみれ色、ピンク色、紫色
透明度　透明から半透明
光　沢　ガラス光沢

珪酸塩鉱物

黄玉（トパーズ）
Topaz

英語名は金黄色にちなみ、「火」を意味するサンスクリット語 *tapas* からつけられたと考えられている。金黄色以外の色もある。結晶は美しく、めずらしいので宝石とされる。

硬　度　8
比　重　3.4〜3.6
色　無色、青色、黄色、ピンク色、茶色、緑色
透明度　透明から半透明
光　沢　ガラス光沢

灰ばんざくろ石（グロッシュラー）
Grossular

ジルコン
Zircon

ジルコンはダイアモンドに負けないほどの輝きを放つ。オーストラリア西部のナリヤ山で産出する結晶の中には約44億年前にできたものがある。

硬　度　7.5
比　重　4.6〜4.7
色　無色、茶色、赤色、黄色、橙色、青色、緑色
透明度　透明から不透明
光　沢　金剛光沢から油脂光沢

藍晶石（カイヤナイト）
Kyanite

藍晶石は点火プラグなどに使われる、耐熱性の高い磁器の原料として使われてきた。ブラジルのバイーア州では宝石とされる結晶が産出する。藍晶石にはいろいろな色があるが、英語名は「濃い青色」を意味するギリシア語 *kyanos* に由来する。

硬　度　4.5〜6
比　重　3.6
色　青色、緑色
透明度　透明から半透明
光　沢　ガラス光沢

灰ばんざくろ石はざくろ石の一種。カルシウムに富む変成岩の中でよく産出する。隕石の中でも見つかる。タンザニアで産出する緑色の灰ばんざくろ石はツァボライトとよばれる。

硬　度　6.5〜7
比　重　3.6
色　さまざまな色
透明度　透明から半透明
光　沢　ガラス光沢

紅柱石（アンダルーサイト）
Andalusite

紅柱石はおもに変成岩の中で見つかる。結晶は成長しながら色の濃い炭素質の物質を取りこむことがある。このような結晶を輪切りにすると炭素質物質のつくる十字模様が現れる。

硬　度　6.5〜7.5
比　重　3.2
色　ピンク色、茶色、白色、
　　灰色、すみれ色、黄色、
　　緑色、青色
透明度　透明から
　　ほぼ不透明
光　沢　ガラス
　　光沢

珪線石（シリマナイト）
Sillimanite

英語名は鉱物学者、化学者、『アメリカン・ジャーナル・オブ・サイエンス』誌の創設者であるベンジャミン・シリマン教授に由来する。耐熱磁器の原料としてよく使われる。

硬　度　7
比　重　3.2〜3.3
色　無色、白色、淡い黄色、
　　青色、緑色、すみれ色
透明度　透明から半透明
光　沢　絹光沢

珪酸塩鉱物

かんらん石（オリビン）
Olivine

かんらん石は、地表の下の溶岩の中でできる珪酸塩鉱物のグループ名。古くは古代ギリシアとローマの時代にかんらん石を使って装飾が施された。宝石とされるかんらん石はペリドットとよばれる。

硬　度　6.5～7
比　重　3.3～4.3
色　緑色、黄色、茶色、白色、黒色
透明度　透明から半透明
光　沢　ガラス光沢

ソーダ沸石（ナトロライト）
Natrolite

ソーダ沸石はナトリウムを含む。英語名は「ソーダ（ナトリウム化合物）」を意味するギリシア語の *natrium* に由来する。岩石のすき間、火山灰の堆積層、ある種の岩石の脈に存在する。

硬　度　5〜5.5
比　重　2.3
色　淡いピンク色、無色、白色、灰色、赤色、黄色、緑色
透明度　透明から半透明
光　沢　ガラス光沢から真珠光沢

柱石（スカポライト）
Scapolite

柱石は以前はウェルネル石（ウェルネライト）や灰曹柱石（ジパイヤ）とよばれていた。大きな結晶をつくる。大理石の中では最大級の柱石の結晶が成長する。

硬　度　5〜6
比　重　2.5〜2.7
色　無色、白色、灰色、黄色、橙色、ピンク色
透明度　透明から不透明
光　沢　ガラス光沢

イスタンブールにあるトプカピ宮殿の金色の王座は955個のペリドットで飾られている。

珪酸塩鉱物 | 131

透輝石（ダイオプサイド）
Diopside

透輝石は石灰岩や苦灰岩が変成した岩石の中や、キンバリー岩などの火成岩の中で産出する。オーストリアとイタリアにまたがるアルプス山脈のチロル地域やアメリカ合衆国で産出する。

硬度 6
比重 3.3
色 白色、淡い緑色から濃い緑色、すみれ青色
透明度 透明から半透明
光沢 ガラス光沢

ばら輝石（ロードナイト）
Rhodonite

ばら色にちなみ、英語名は「ばら」を意味するギリシア語の rhodon に由来する。もろいので慎重に研磨しなければならないが、ビーズや宝石の材料として広く使われる。

硬度 6
比重 3.5～3.7
色 ピンク色からローズ赤色
透明度 半透明
光沢 ガラス光沢

ひすい輝石（ジェダイト）
Jadeite

ひすい輝石は一般にひすいとよばれる2種類の鉱物のうちのひとつ。もうひとつのひすいは軟玉。古代のインドではひすい輝石は生命の印とされ、金と同じくらい貴重な石とされた。主要な産地ミャンマーではひすい輝石を使った古代の道具も発掘されている。

硬度 6～7　比重 3.2～3.4
色 白色、緑色、ライラック色、ピンク色、茶色、橙色、黄色、赤色、青色、黒色
透明度 透明から半透明
光沢 ガラス光沢から脂肪光沢

普通輝石（オージャイト） Augite

普通輝石は色の濃い火成岩の中でよく産出する。いくつかの変成岩や隕石の中でも見つかる。月にも存在する。

硬度 5.5～6
比重 3.3
色 緑黒色から黒色、濃い緑色、茶色
透明度 半透明からほぼ不透明
光沢 ガラス光沢から無光沢

リヒター閃石（リヒテライト）
Richterite

リヒター閃石はマンガンを含む鉱物。産出量は少なく、たいてい火成岩や石灰岩の中で産出する。英語名はドイツの鉱物学者テオドール・リヒターにちなんで1865年につけられた。おもに装飾用の石として使われる。

- **硬　度** 5～6
- **比　重** 3～3.5
- **色** 茶色、黄色、赤色、緑色
- **透明度** 透明から半透明
- **光　沢** ガラス光沢

普通角閃石（ホルンブレンド）
Hornblende

普通角閃石は1種類の鉱物ではなく、いくつかの鉱物からなるグループであることが最近の研究でわかった。それぞれの鉱物を分けるにはくわしく分析しなければならない。オーストラリアのハーツレンジではルビーといっしょに産出する。

- **硬　度** 5～6
- **比　重** 3.1～3.3
- **色** 緑色、黒色
- **透明度** 半透明から不透明
- **光　沢** ガラス光沢

軟玉（ネフライト）
Nephrite

軟玉は繊維のような結晶が交差するがんじょうな構造をしているので、かたい。彫刻の素材に向く。腎臓の病気の治療に使われていた。英語名は「腎臓」を意味するラテン語の *nephrus* に由来する。

- **硬　度** 6.5
- **比　重** 2.9～3.4
- **色** クリーム色、薄い緑色から濃い緑色
- **透明度** 半透明からほぼ不透明
- **光　沢** 無光沢からろう光沢

リーベック閃石（リーベカイト）
Riebeckite

リーベック閃石は耐火性や電気絶縁性、耐酸性が高いことから昔はいろいろな用途に使われた。のちにリーベック閃石の繊維は有害で病気を引き起こすことがわかった。

- **硬　度** 6
- **比　重** 3.3～3.4
- **色** 濃い青色、黒色
- **透明度** 透明から半透明
- **光　沢** ガラス光沢、絹光沢

珪酸塩鉱物

エメラルド
Emerald

緑色の緑柱石（ベリル）をエメラルドという。古代エジプト人はエメラルドを繁殖と生命の印と考えていた。大英帝国王冠を飾るような最高とされるエメラルドはコロンビアで産出する。コロンビアでは数世紀にわたってエメラルドが採掘されている。

硬　度　7.5～8
比　重　2.6～3
色　　緑色
透明度　透明から半透明
光　沢　ガラス光沢

菫青石（コーディエライト）
Cordierite

英語名はフランスの鉱物学者ピエール L. A. コルディエに由来する。宝石とされる菫青石は青色をしていることから「ウォーターサファイア」ともよばれる。

硬　度　7～7.5　　比　重　2.6
色　　青色、青緑色、灰すみれ色
透明度　透明から半透明
光　沢　ガラス光沢から脂肪光沢

ベスブ石（ベスビアナイト）
Vesuvianite

ベスブ石の結晶は収集家向けにカットされ研磨されるが、透明な結晶はやわらかすぎて身につけることはできない。ベスブ石は石灰岩が熱や圧力を受けて変化するときにできる。

硬　度　6.5
比　重　3.4
色　　緑色、黄色
透明度　透明から半透明
光　沢　ガラス光沢から樹脂光沢

異極鉱（ヘミモルファイト）
Hemimorphite

丸い塊、たいてい無色

異極鉱は結晶の端と端がそれぞれちがう形をしている、とてもめずらしい鉱物。この形にちなみ、英語名は「半分」と「形」を意味するギリシア語の *hemi* と *morphe* からつけられた。

硬　度　4.5〜5
比　重　3.4〜3.5
色　　　無色、白色、黄色、青色、緑色
透明度　透明から半透明
光　沢　ガラス光沢

滑石（タルク）
Talc

滑石はもっともやわらかい鉱物のひとつ。石けん石の主成分鉱物。細かく砕いた滑石はベビーパウダーの原料になる。昔から装飾品の素材として彫刻が施されてきた。紙の添加剤や塗料の原料としても使われる。

硬　度　1
比　重　2.8
色　　　白色、無色、緑色、黄色から茶色
透明度　半透明
光　沢　真珠光沢から脂肪光沢

白雲母　Muscovite
（マスコバイト）

葉ろう石（パイロフィライト）
Pyrophyllite

英語名は「火」と「葉」を意味するギリシア語に由来する。熱を加えると薄い葉のようにはがれる性質にちなむ。顔料やゴムの充てん剤として、またさまざまな産業分野で粉剤として使われる。口紅に加えると輝きが増す。古代中国では彫刻が施され小さな彫像や置物がつくられた。

硬　度　1～2
比　重　2.7～2.9
色　　　白色、無色、茶緑色、淡い青色、灰色
透明度　透明から半透明
光　沢　真珠光沢から無光沢

白雲母は薄い平板をつくる。もろそうに見えるが、がんじょうな鉱物だ。ロシアで窓ガラスに使われたことからイシングラスともよばれる。雲母グループに含まれる。

硬 度 2.5
比 重 2.8
色 無色、銀白色、淡い緑色、ローズ色、茶色
透明度 透明から半透明
光 沢 ガラス光沢

蛇紋石（サーペンチン）
Serpentine

名前は表面が蛇の皮の模様に似ることに由来する。16種の変種がある。紀元前約3000〜1100年、ミノア文明の栄えたクレタ島では蛇紋石を彫って花器や鉢がつくられた。

硬 度 3.5〜5.5
比 重 2.5〜2.6
色 白色、灰色、黄色、緑色、緑青色
透明度 半透明から不透明
光 沢 ガラス光沢から脂肪光沢、樹脂光沢、土光沢、無光沢

黒雲母（バイオタイト）
Biotite

鉄を含み、色が濃いことから黒雲母と名づけられた。火成岩や変成岩中で大量に産出する。白雲母と同じように薄い平板に割れる。

硬 度 2.5〜3
比 重 2.7〜3.4
色 黒色、茶色、淡い黄色、黄褐色、青銅色
透明度 透明から半透明
光 沢 ガラス光沢から亜金属光沢

珪酸塩鉱物 | 137

珪くじゃく石（クリソコラ）
Chrysocolla

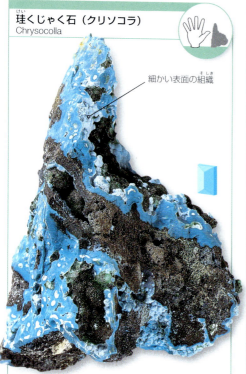

細かい表面の組織

古代ギリシアの哲学者テオフラストスは、金と金を接着させるときに使うさまざまな物質を「クリソコラ」とよんだ。ギリシア語で chrysos は「金」、kola は「接着剤」を意味する。珪くじゃく石は世界中で産出する。

硬　度　2～4
比　重　2～2.4
色　青色、青緑色
透明度　半透明からほぼ不透明
光　沢　ガラス光沢から土光沢

魚眼石（アポフィライト）
Apophyllite

昔は魚眼石は1種類の鉱物と考えられていたが、現在では2種類の鉱物からなることがわかっている。どちらの鉱物も熱を加えると葉のように薄くはがれる。インドで産出する無色や緑色の魚眼石は収集家向けにカット、研磨される。ブラジルのベント・ゴンザレスでは長さ20cmほどの結晶が産出する。

ブロックの形をした結晶

硬　度　4.5〜5
比　重　2.3〜2.4
色　　無色、ピンク色、緑色、黄色
透明度　透明から半透明
光　沢　ガラス光沢

ぶどう石（プレーナイト）
Prehnite

英語名はオランダの軍人ヘンドリック・フォン・プレーンにちなむ。火山岩中の空洞の内側をおおう。沸石といっしょに産出することが多く、たがいに区別しにくい。オーストラリアやスコットランドで産出する透明なぶどう石は収集家に好まれる。ケープ・エメラルドという名前で流通していることもある。

硬　度　6〜6.5
比　重　2.9
色　　緑色、黄色、黄褐色、白色
透明度　透明から半透明
光　沢　ガラス光沢

生物のつくる宝石

生物や生物の放出する物質が長い時間をかけて石のようになった化石の中には宝石として扱われるものがあります。岩石の宝石よりもやわらかいため、古代から装飾用に使われてきました。

ここに注目！
真珠
貝の種類や生息環境によって異なる真珠ができる。

こはく（アンバー）
Amber

こはくは針葉樹の樹脂や樹液からできた化石。中に昆虫が入っていることもある。多くは透明だが、空気を含んだまま化石になったこはくもっている。やわらかいので加工が施され装身具に使われる。

- 硬度　2～2.5
- 比重　1.1
- 色　黄色、時にやや茶色、やや赤色
- 透明度　透明から半透明
- 光沢　樹脂光沢

サンゴ（コーラル）
Coral

サンゴは小さな海生生物の骨格でできている。磨くと美しい色が現れる。加工しやすく、彫像やビーズに利用される。もっとも珍重されるサンゴは赤色。

- 硬度　3.5
- 比重　2.6～2.7
- 色　赤色、ピンク色、黒色、青色、金色
- 透明度　不透明
- 光沢　無光沢からガラス光沢

▲ 淡水産の真珠はヒレイケチョウガイがつくる。貝殻にくっついて成長するので、はがすと片面は平らになっている。

▲ 海で真珠を養殖するときは二枚貝を使う。養殖真珠は形も大きさも同じものが多い。

▲ ある種の貝殻の内側の光沢のあるかたい層を真珠母という。真珠母は昔からはめこみ細工やボタンなどに使われてきた。

貝殻
Shell

貝殻は多くの軟体動物の体をおおうかたい殻。貝が海から取りこんだ方解石でできている。はめこみ細工、ビーズなど装飾品に使われる。

硬　度　2.5
比　重　約1.3
色　赤色、ピンク色、茶色、青色、金色
透明度　半透明から不透明
光　沢　無光沢からガラス光沢

真珠（パール）
Pearl

真珠は二枚貝など特定の貝の中でつくられる。とくに宝石とされる真珠は熱帯の二枚貝の中でつくられる。最高品質の真珠は完全に球形だが、たいていは卵形をしている。

硬　度　3
比　重　2.7
色　白色、クリーム色、黒色、青色、黄色、緑色、ピンク色
透明度　不透明
光　沢　真珠光沢

貝殻にくっついた天然真珠

生物のつくる宝石

ドミニカでは
約 2500 万年前の
こはくが産出する

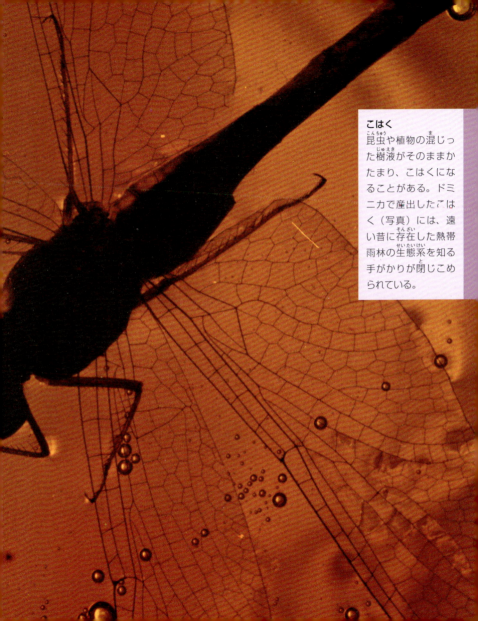

こはく
昆虫や植物の混じった樹液がそのままかたまり、こはくになることがある。ドミニカで産出したこはく（写真）には、遠い昔に存在した熱帯雨林の生態系を知る手がかりが閉じこめられている。

周期表

鉱物や岩石は元素でできています。自然界に存在し、それ以上分けることのできない物質を元素といいます。元素は、粒子（陽子、中性子、電子）からなる原子でできています。粒子の数は原子ごとに異なり、元素の化学的性質に影響をおよぼします。元素を化学的性質や物理的性質に従って同じたての列に並べた表を周期表といいます。

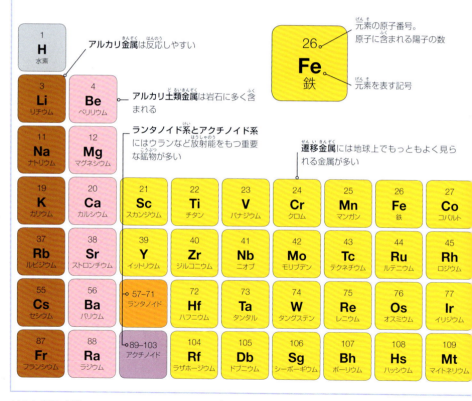

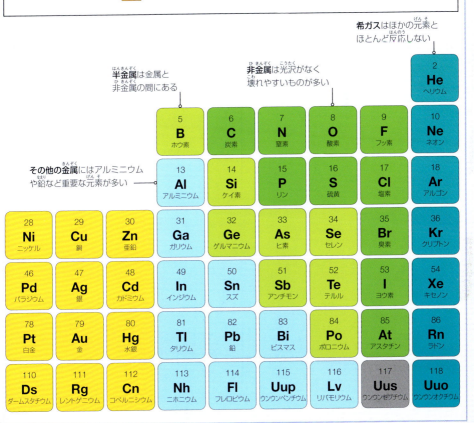

岩石のあれこれ

名所になっている岩石

▶ **ジブラルタルの岩**はスペイン南端にある石灰岩の巨大な塊。高さは海抜426m。

▶ アメリカ合衆国ニューメキシコ州にある**岩峰シップロック**は2700万年前の火山活動でできた岩脈の残り。まわりの平原より500m高くそびえる。ナバホ族の人びとから聖なる岩としてあがめられている。

▶ 北アイルランドの**ジャイアンツ・コーズウェー**は5000万～6000万年前にできた4万本の玄武岩の柱。一番大きな柱は高さ25mにもなる。

▶ オーストラリアの**エアーズロック**（ウルル）は古代にできた巨大な砂岩の地上に出ている部分。高さ348m、周囲は9.4km。

▶ アメリカ合衆国ユタ州の**デリケート・アーチ**は風化した砂岩が侵食されてできたみごとなアーチ。高さ13.5m、幅はトラック数台が通れるほど。

隕石

地球には毎年2万個ほどの隕石が落ちてくる。たいていの隕石は小さいが、中には数トン級のものもある。

● **ウィラメット隕石**は1902年にアメリカ合衆国オレゴン州で発見された。アメリカ自然史博物館によれば落ちたのは数千年前。重さは15.5トン、ゾウ3頭分よりも重い。

● 1962年にナイジェリアに落下した**ザガミ隕石**は重さ18kg。火星から飛来した隕石の中では一番大きい。約250万年前に火星に小惑星あるいはすい星がぶつかったときに砕けた火山岩のかけらだ。

● **Y000593隕石**は2000年に南極に落下した。重さは13.7kg。卵約240個と同じくらいの重さだ。

● **セイ・アル・ユーヘイミール008**は1999年にオマーンに落下した。重さは8.5kg。小さなイヌくらいの重さだ。

● **ナクラ隕石**は1911年にエジプトのナクラ村に落下した。総量は約10kg。

> たいていの隕石は秒速10～70kmで地球の大気に突入する。

岩石をつくる元素

地球上のすべての岩石の98%以上がわずか8種類の元素の組み合わせでできている。

元　素	すべての岩石中の%
酸素	46.5
ケイ素	27.6
アルミニウム	8
鉄	5
カルシウム	3.6
ナトリウム	2.8
カリウム	2.6
マグネシウム	2
合計	**98.1%**

岩石と建物

銀行や役所など大きな建物は岩石博物館のようでもある。よく観察すると、建材としていろいろな岩石が使われていることがわかる。

★ **花崗岩**はとてもがんじょうなので壁の基部に使われる。

★ 柱や入り口の階段には白い**石灰岩**がよく使われる。

★ 重要な建物の床には**大理石**が使われることが多い。磨くと美しく見えるから。

粘　土

粘土は陶器の原料だけでなく、いろいろな分野で利用される有用な堆積岩。

♦ 粘土は、セラミックタイル、陶器、磁器、浴槽、流し、雨どい、レンガ、煙突やかまど用の耐火レンガの原料になる。

♦ 繊維産業では布に重みをあたえるために、製紙産業では紙につやを出すために粘土が使われる。

♦ 野生のコンゴウインコは川岸の粘土をよくついばむ。粘土には、コンゴウインコの食べる種子に含まれる毒を取り除くはたらきがある。

♦ ゾウは泥水をなめて粘土を体に取りこむ。泥には、食べた葉の消化を助けるはたらきがある。

♦ 粘土の一種、カオリナイトは人間用の消化不良の薬に使われる。

♦ 粘土には、肥料の有効成分を土の中に保つはたらきがある。アンモニアなどの気体を吸収して植物の生長を助けるはたらきもある。その一方で、粘土が多すぎると土が重くなり、水や空気の通りが悪くなる。

♦ フラー土は脂肪を取り除くために使われる粘土。

> ほとんどの岩石はかたいが、中には柔軟性のある岩石もある。インドで産出するめずらしい砂岩は手で曲げることができる。

鉱物のあれこれ こうぶつのあれこれ

もっとも高価なダイアモンド

コ・イ・ヌールは世界で一番大きくかつ純粋なダイアモンド。重さは109カラット（21.8g）、値段はつけられないとされている。

サンシー・ダイアモンドは、かつてはインドのムガル帝国の君主が所有していた。重さは55.23カラット（11.05g）。これも値がつけられない。

1905年に発見された**カリナン・ダイアモンド**は重さ3,106.75カラット（621.35g）だったが、のちに9個の大きな石と96個の小さな石に分けられた。一番大きな石の値段は4億ドル。

ホープ・ダイアモンドは重さ45.52カラット。3億5000万ドルの価値がある。ただし不幸をもたらす石とされている。

採鉱

- 約8000年前の一番古い鉱山は小さな穴（立坑）とトンネルでできていた。道具ややりや矢じりに使われたひうち石を掘り出していた。

- 約5500年前には金属をとるための鉱山がはじめて開かれた。鉱山から掘り出したスズ鉱石と銅鉱石を砕いて熱を加え、青銅がつくられた。

- 南アフリカの金の鉱山ほど深い鉱山はない。中でも一番深いのはウェスタン・ディープ・レベルズ鉱山。地下3.7kmまでトンネルが伸びる。

- 鉱山といえば地下に穴を掘るもの、とは限らない。アフリカのナミビアでは海岸沿いで大きな船が海底から砂を吸い上げ、ダイアモンドをふるい分けている。

いやしの鉱物

古来より、ある種の鉱物の結晶には病気を治したり、心をいやしたり、幸せを運んだりする特別な力があると考えられている。

紅水晶は無条件の愛をもたらす。

ラピスラズリは友情を深める。

ひすいは安らぎをもたらす。

血玉髄は創造力と直感力を高める。

縞メノウは悪い習慣をあらためる。

赤鉄鉱は飛行機旅行のストレスを和らげる。

紫水晶は皮膚病に効き目がある。

役に立つ鉱物

地球の地殻の99%は鉱物でできている。鉱物はとても役に立つ。鉱物の多くは、わたしたちのまわりにあるいろいろな製品の原料として使われる。

★ アルミニウムは地殻中にもっとも多く含まれる金属。**ボーキサイト**や**ギブス石**として産出する。アルミニウムは缶や建物に使われる。

★ アンチモンは**輝安鉱**から取り出される。アンチモンは電池やケーブルに使われる鉛をかたくするために加えられる。花火やガラスの原料にもなる。

★ **クロム鉄鉱**はクロムの鉱石。クロムを加えると鋼はかたくなる。クロムは工作機械、玉軸受け、調理器具の原料になる。

★ 銅は電線、配管、調理器具に使われる。真ちゅう（銅と亜鉛の混合物）や青銅（銅とスズの混合物）などの合金にも使われる。**黄銅鉱**は銅の主要な鉱石。

★ **長石**は地球上でもっともよく産出する鉱物のひとつ。ガラス、陶磁器、石けん、研磨剤、セメント、コンクリートの原料になる。

★ 鍋の焦げつき防止のコーティングには、**ほたる石**から取り出されるフッ素が使われる。ほたる石は歯磨き粉にも使われる。

★ 鉄は**赤鉄鉱**などの鉱物に含まれる。鋼、磁石、車の部品などに使われる。

★ 鉛は**方鉛鉱**に含まれる。蓄電池や高品位のガラスに使われる。

★ 石灰岩は大部分が**方解石**からなる岩石。建物の石材として使われる。セメント、紙、プラスチック、ガラスの原料になる。

★ マンガンは鋼の原料になる。染料、合金、乾電池に使われる。**パイロルース鉱**（軟マンガン鉱）などの鉱物から取り出される。

★ **雲母**は重要な鉱物のグループ。顔料、プラスチック、ゴムの原料になる。

★ ニッケルは元素鉱物としても産出する。ステンレス鋼の原料になる。

★ 銀は元素鉱物としても産出する。宝飾品、銀食器、硬貨の原料になる。

> 現在知られている鉱物は4,500種以上ある。このうち産出量が多いのは100種だけ。残りは金よりもめずらしい。

用語解説 ようごかいせつ

亜金属（あきんぞく） 金属や非金属と一部同じ性質をもつ化学元素。

イリデッセンス 水に浮かんだ油のように見える遊色現象。岩石や鉱物の内部の元素が光を反射すると生じる。

隕石（いんせき） 地球表面に落下した流星体。

核（かく） 地球の中心部分。鉄を多く含み、高温高圧状態にある。液体でできた外核と固体でできた内核からなる。

角れき岩（かくれきがん） 角のある石片からなる堆積岩。

火山 地球内部から溶岩と熱いガスが噴出する場所。マグマが中心の通り道を上昇し、溶岩となって噴出する。

火成岩（かせいがん） 地表または地下で溶岩やマグマがかたまってできる岩石。

化石 岩石の中に残されている生物の痕跡。骨、殻、足あと、糞など。

ガラス光沢（ガラスこうたく） ガラスに似た輝き。

カラット 貴石や貴金属の重さの単位。1カラットは0.2g。

岩石（がんせき） 鉱物の混合物でできたかたい塊。火成岩、変成岩、堆積岩の3種類がある。

貫入岩（かんにゅうがん） 地殻の下でマグマがかたまってできる岩石。

岩脈（がんみゃく） 古い岩石構造に割って入った、薄いシートのような火成岩の塊。

峡谷（きょうこく） 両壁の切り立った、深い谷。峡谷の多くは谷底を川が流れる。

魚卵状石灰岩（ぎょらんじょうせっかいがん） 魚卵石からなる岩石。魚卵石は堆積岩の球状の粒で、ほとんどが方解石でできている。

金属光沢（きんぞくこうたく） 磨いた金属のような輝き。

蛍光（けいこう） 鉱物に紫外線を当てると自然光下のときとはちがう色に見える発光現象。

結核（けっかく） コンクリーションともいう。頁岩や粘土の層でつくられ産出する、岩石の塊。たいてい丸い。

結晶（けっしょう） 原子が規則的に並んでいる物質の状態。自然界で生成する。

結晶系（けっしょうけい） 構造の対称性に基づいて結晶を分類したもの。立方晶系、正方晶系、三斜晶系、六方晶系／三方晶系、単斜晶系、斜方晶系の六晶系がある。

結晶面（けっしょうめん） 結晶の形をつくる、外側の平らな表面。

原子（げんし） 元素をつくる一番小さな単位。

元素（げんそ） それ以上壊すことのできない物質。

元素鉱物（げんそこうぶつ） 自然界で産出する、単一の元素からなる鉱物。

広域変成（こういきへんせい） 既存の岩石が熱と圧力の作用を受けて変成岩を生じる現象。

鉱石（こうせき） 金属を含み、資源として金属が取り出される岩石や鉱物。

光沢（こうたく） 鉱物の表面が光を反射して放つ輝き。

鉱物（こうぶつ） 自然界で産出する固体。決まった化学組成や結晶の形など固有の性質をもつ。

鉱物学者（こうぶつがくしゃ） 鉱物を研究する学者。

金剛光沢（こんごうこうたく） ダイアモンドのようなきらめく輝き。

コンドライト 輝石とかんらん石の小さな粒を含む石質隕石。

採石場（さいせきじょう） 石材を掘り出す鉱山。

砕屑岩（さいせつがん） 水に運ばれ積み重なってできる堆積岩の一種。

酸（さん） 水に溶かすと水素イオンを生じる化学物質。ほかの化学物質に作用しやすい。

褶曲（しゅうきょく） プレートの運動によって生じる岩石層の折れ曲がり。

樹脂光沢（じゅしこうたく） 樹脂に似た輝き。

条痕（じょうこん） 鉱物を粉末にしたときの色。同じ種類の鉱物の場合、外観の色のちがいほど差がないため識別する重要な手がかりになる。

条線（じょうせん） 鉱物の結晶面に発達する平行な細い筋。

蒸発岩（じょうはつがん） 水がすっかり蒸発した後に残る、水に溶けていた天然塩や鉱物からなる岩石。

晶癖（しょうへき） 鉱物の外形。

小惑星（しょうわくせい） 太陽のまわりを回る、惑星よりも小さな岩石の塊。

シル 既存の岩石と岩石の間で薄いシート状に広がる火成岩質入岩体。

侵食（しんしょく） 流れる水や氷、風が岩石を削っていく、ゆっくりした作用。

深成岩体（しんせいがんたい） 地下の岩石に貫入した火成岩からなる岩体。

石基（せっき） 大きな結晶のまわりを取り囲む、小さな粒状の鉱物の緻密な塊。

接触変成（せっしょくへんせい） 熱変成ともいう。既存の岩石が熱だけの作用を受けて変成岩を生じる現象。

組織（そしき） 岩石をつくる鉱物の粒の大きさ、形、並び方などのようす。

大気（たいき） 地球や金星を取り巻く、気体の厚い層。

堆積岩（たいせきがん） 堆積物が風化したり埋もれたりしてかたまってできる岩石。

堆積物（たいせきぶつ） 風や水や氷によって運ばれた岩石、鉱物、有機物などの粒子が積み重なったもの。

団塊（だんかい） ノジュールともいう。堆積岩の中で産出するかたくて丸い石の塊。おもに方解石、シリカ、黄鉄鉱、あるいは石膏からなる。

断口（だんこう） 鉱物が割れたときのはっきりした割れ口。

断層（だんそう） 岩石中に広がる裂け目。断層に沿って岩石の塊がずれ動く。

地殻（ちかく） 地球の一番外側のかたい層。厚くて古い大陸地殻（おもに花崗岩からなる）と、薄くて新しい海底地殻（おもに玄武岩からなる）に分けられる。

地質学者（ちしつがくしゃ） 地球の構造や成り立ちに着目して地球について研究する科学者。

地層（ちそう） 堆積岩からなる薄い層。

動力変成（どうりょくへんせい） 既存の岩石が圧力だけの作用を受けて変成岩を生じる現象。

土光沢（どこうたく） ほとんど光沢を示さない状態。無光沢よりも光沢が少ない。

二次鉱物（にじこうぶつ） 既存の岩石が風化あるいは変化した結果できる別の鉱物。

熱水鉱脈（ねっすいこうみゃく） 火山活動によって、鉱物を含む熱い水が循環する、岩石の割れ目で水が冷えてできる鉱脈。宝石や鉱石が含まれる。

比重（ひじゅう） 同じ体積の水の重量に対する鉱物の重量の割合。

風化（ふうか） 雨や雪、風などに長い時間さらされることによって岩石がゆっくり壊れる現象。

不透明（ふとうめい） 物質が光をまったく通さない性質。

プリズム 平行な面の組み合わせからなる、同じ物質でできた多面体。

プレート 地球の表面をおおう岩石の厚い板。マントルの上に浮く。地球表面は大きく12枚のプレートに分けられる。

噴出（ふんしゅつ） 火山丘や火道から溶岩、火山灰、気体がはき出される現象。

噴出岩（ふんしゅつがん） 地表に流れでた溶岩が冷えてかたまってできる岩石。

劈開（へきかい） 鉱物や岩石が決まった面や方向に沿って割れる割れ方。

変成岩（へんせいがん） 既存の岩石が熱や圧力、または両方の作用を受け、変化してできる岩石。

宝石（ほうせき） 色、希少性、硬さから価値があるとされる鉱物。水晶に似た鉱物が多い。

マグマ 地球の内部深くにある溶けた岩石。

マントル 地殻と核の間にある地球内部の層。かんらん岩など高密度の熱い岩石からなる。

無光沢（むこうたく） ほとんど光を反射しない状態。

有機（ゆうき） 生物が関係していることを意味する語。

溶岩（ようがん） 火口から地表に流れ出るマグマ。

葉状構造（ようじょうこうぞう） 変成岩の中で異なる鉱物が薄い層状に分かれる構造。

隆起（りゅうき） プレートの運動によって岩石が上昇する現象。海底でつくられた堆積岩が隆起して山になることがある。

流星（りゅうせい） 地球大気に突入し、光って見える流星体（宇宙を漂う岩石やちりのかけら）。

露頭（ろとう） 地層や岩石の一部が地表に現れている場所。

索　引 さくいん

【あ】
亜　鉛　46, 76, 77, 94, 104
アカスタ片麻岩　5
アクアマリン　66, 67
アタカマ石（アタカマイト）　101
アダム鉱（アダマイト）　113
圧砕岩（マイロナイト、ミロナイト）　48
圧　力　9, 16, 17, 19, 42, 56, 57
アラバスター（雪花石膏）　119
あられ石（アラゴナイト）　106
アルコーズ　37
アルチニ石（アルチナイト）　109
アルミニウム　59, 98, 100, 101, 149
アレキサンドライト　95
アンケル鉱（アンケライト）　107
安山岩（アンデサイト）　23
安四面銅鉱（テトラヘドライト）　90
アンチモン　58, 76, 82, 149
硫　黄　58, 70, 75, 76, 79, 90
異極鉱（ヘミモルファイト）　135
イグニンブライト　24
イシングラス　137
板チタン石（ブルッカイト）　96
イリデッセンス　150
色　64
隕　石　52, 53, 72, 78, 83, 129, 132, 146, 150
ウィラメット隕石　146
ウェルネル石（ウェルネライト）　131
ウォーターサファイア　134
ウラン　96, 112
雲　母　38, 42, 43, 61, 136, 137, 149
雲母質砂岩　38
エアーズロック　146

エコンドライト　52
エメラルド　7, 67, 134
黄玉（トパーズ）　64, 67, 122, 128
黄鉄鉱（パイライト）　58, 85
黄土（レス）　34
黄銅鉱（カルコパイライト）　65, 81, 149
温泉華（トゥファ）　34

【か】
貝（殻）　61, 67, 105, 141
灰重石（シェーライト）　121
灰曹柱石（ジパイヤ）　131
灰チタン石（ペロブスカイト）　95
灰ばんざくろ石（グロッシュラー）　128
カオリナイト　147
角閃岩（アンフィボライト）　44
角れき岩（ブレシア）　36, 150
花崗岩（グラナイト）　21, 147
火成岩　5, 8, 9, 16, 18, 20-29, 150
化　石　15, 19, 43, 140, 150
堅　さ　64
滑石（タルク）　64, 136
褐鉄鉱（リモナイト）　99
カット　66
カドミウム　79
ガラス光沢　59, 60, 65, 150
カラット　150
カリウム　59, 101
カリ岩塩　59
カリナン・ダイアモンド　148
軽　石　24
カルシウム　104, 112
カルセドニー　124
カルノー石（カルノタイト）　112
岩塩（ハライト）　100, 103

岩塩（ロックソルト）　31
カンクリン石（カンクリナイト）　127
岩　石　5, 15-53, 150
　　——のあれこれ　146, 147
　　——の採取　10
　　——の種類　9
　　——の循環　16
　　——の組成　8
　　——のでき方　16, 17
　　——の分類　18, 19
　　——をつくる鉱物　7
貫入岩　150
岩　脈　16, 150
かんらん岩　18, 23
かんらん石（オリビン）　8, 9, 57, 130
顔　料　30, 99, 109, 126
輝安鉱（スティブナイト）　76, 82, 149
輝コバルト鉱（コバルタイト）　85
輝水鉛鉱（モリブデナイト）　65, 87
黄水晶（シトリン）　123
貴　石　67
輝　石　8, 9
輝蒼鉛鉱（ビスマシナイト）　84
亀甲石　39
輝銅鉱（カルコサイト）　81, 88
ギブス石　149
凝灰岩　15, 25
響　岩　21, 28
魚眼石（アポフィライト）　138
魚卵状石灰岩　150
金　46, 58, 68, 69, 138, 148
銀　58, 69, 76, 77, 90, 91, 113, 149
金紅石（ルチル）　59, 93, 97
菫青石（コーディエライト）　134
銀星石（ワーベライト）　111

属光沢　65, 76, 150
ンバリー岩（キンバリーライト）　22
緑石（クリソベリル）　95
灰岩（ドロマイト）　15, 31
灰石（ドロマイト）　15, 108
じゃく石（マラカイト）　55, 60, 106
じゃく銅鉱　77
雲母（バイオタイト）　137
ロム　23, 93, 95, 149
ロム酸塩鉱物　61, 118 121
ロム鉄鉱（クロマイト）　93, 95, 149
岩（コーツァイト）　44
冠石（リアルガー）　80
くじゃく石（クリソコラ）　6, 138
光　150
イ酸塩　4, 46
酸塩鉱物　53, 61, 129-139
線石（シリマナイト）　129
核　39, 150
岩（シェール）　36
玉髄（ブラッドストーン）　124, 148
晶（系）　6, 59, 62, 150
長石（ムーンストーン）　127
ーブ・エメラルド　139
子　6, 144, 150
素　6, 144, 145, 147, 150
素鉱物　58, 68-75, 149, 150
武岩（バサルト）　18, 20, 21
干磨　66
・イ・ヌール　67, 148
亜鉛鉱（ジンサイト）　94
域変成　17, 150
鉛鉱（クロコアイト）　65, 118
玉　64, 92, 93
鉱物（鉱石）　7, 59, 92, 93, 98, 150
沢　65, 150

紅柱石（アンダルーサイト）　129
鉱物　6, 7, 55-143, 150
　いやしの──　148
　火成作用でできる──　57
　生物のつくる──　61
　堆積作用でできる──　56
　変成作用でできる──　57
　役に立つ──　149
　──のあれこれ　148, 149
　──の脈　56
光ろ石（カーナライト）　101
黒玉　67
黒曜石（オブシディアン）　9, 20, 62
こはく（アンバー）　61, 67, 140, 142, 143
コバルト　85, 113
コバルト華（エリスライト）　60, 113
ゴールドトパーズ　123
金剛光沢　150
コンドライト　52, 150

【さ】
採鉱　148
砕屑岩　150
ザ・ウェーブ　40, 41
ザガミ隕石　146
砂岩（サンドストーン）　9, 19, 36, 38, 41, 44, 147
ざくろ石　49, 57, 61
サード　125
サファイア　67, 93
サマルスキー石（サマルスカイト）　96
酸化鉱物　59, 92-97
サンゴ（コーラル）　61, 67, 104, 140
サンシー・ダイアモンド　148
塩　100, 102, 103
シップロック　146
磁鉄鉱（マグネタイト）　7, 94

縞状片麻岩　9, 51
縞メノウ（オニックス）　124, 148
ジャイアンツ・コーズウェー　21, 146
車骨鉱（ブルノナイト）　90, 91
斜長岩　26
斜長石　8
蛇紋岩　47
蛇紋石（サーペンチン）　137
周期表　144, 145
褶曲　150
重晶石（バライト）　121
重炭酸ソーダ石（トロナ）　109
樹脂光沢　65, 150
条痕　65, 150
硝酸塩鉱物　60, 116, 117
蒸発岩　56, 150
晶癖　63, 150
シリカ　18
磁硫鉄鉱（ピロータイト）　79
シル　16, 151
ジルコン　66, 128
シルバニア鉱（シルバナイト）　87
白雲母（マスコバイト）　136
針銀鉱（アカンサイト）　77
ジンケン鉱　90
辰砂（シナバー）　58, 65, 76, 78
真珠（パール）　61, 67, 140, 141
真珠母　141
浸食　16, 151
深成岩体　16, 151
針鉄鉱（ゲーサイト）　99
針ニッケル鉱（ミラーライト）　83
水亜鉛銅鉱（オーリチャルサイト）　107
水銀　58, 73, 76, 78
水酸化鉱物　59, 98, 99
スカルン　46
スコレス沸石　63
スズ　46, 81, 94, 148

錫石（キャシテライト）94
ストロンチアン石（ストロンチアナイト）109
ストロンチウム 109
青金石（ラズライト）126
正長石（オーソクレース）64, 127
石英（水晶、クォーツ）58, 61, 64, 65, 97, 122, 123
石黄（オーピメント）65, 84
石鉄隕石 53
赤鉄鉱（ヘマタイト）41, 65, 95, 148, 149
赤銅鉱（キューノライト）93
石墨（グラファイト）6, 71
石灰岩（ライムストーン）19, 30, 38, 56, 83, 108, 147, 149
石 基 126, 151
石けん石 136
石膏（ジプサム）64, 119, 120
石膏岩（ロックジプサム）31
接触変成（熱変成）17, 151
閃亜鉛鉱（スファレライト）77
閃ウラン鉱（ウラニナイト）96
尖晶石（スピネル）57, 94
閃長岩 26
閃電岩（フルグライト）45
千枚岩（フィライト）42
閃緑岩 22
蒼鉛（ビスマス）72, 84
造岩鉱物 7
ソーダ沸石（ナトロライト）61, 131
粗面岩（トラカイト）27
粗粒玄武岩（ドレライト）21

【た】
ダイアスポア 98
ダイアモンド 6, 7, 22, 58, 64, 67, 71, 148
堆積岩 8, 9, 16-19, 30-41, 98, 151
堆積物 151

大理石（マーブル）19, 42, 43, 104, 105, 147
多 形 96
団塊（ノジュール）23, 39, 151
炭化水素 7
タングステン 27, 120, 121
タングステン酸塩鉱物 61, 118-121
断 口 62, 151
淡紅銀鉱（プルースタイト）58, 90, 91
炭酸塩鉱物 60, 104-109
断 層 17, 48, 151
蛋白石（オパール）67, 122, 125
胆ばん（カルカンサイト）61, 120
地 殻 4, 5, 71, 151
地 球 4, 5
地質学者 8, 151
地 層 17
チタン 59, 93
チャート 34
柱石（スカポライト）131
長 石 7, 61, 149
長石質グリットストーン 35
チリ硝石 117
ツァボライト 129
デイサイト 26
泥炭（ピート）32
テクタイト 52
鉄 4, 7, 9, 46, 53, 71, 76, 79, 95, 105, 137, 149
鉄鉱石（アイアンストーン）38
鉄重石（ファーベライト）120
デビルスタワー 21, 28
銅 46, 63, 68, 76, 77, 81, 88-90, 93, 106, 107, 109, 112, 121, 148, 149
透輝石（ダイオプサイド）132
透明度 65
銅藍（コベリン）8
動力変成 7, 151

土光沢 151
トラバーチン 33
トルコ石（ターコイズ）111, 115

【な】
ナクラ隕石 146
ナトリウム 109, 131
鉛 76, 110, 113, 149
軟玉（ネフライト）132, 133
ニオブ 97
二次鉱物 151
ニッケル 78, 83, 113, 149
ニッケル‐鉄 72
熱 9, 16, 17, 19, 57
熱水鉱脈 151
粘 土 30, 38, 147
粘板岩（スレート）43
濃紅銀鉱（パイラージライト）91

【は】
パイロクロア 97
パイロルース鉱（軟マンガン鉱）149
ハウエル鉱（ハウエライト）85
ハウ石（ハウライト）117
白亜（チョーク）30, 31, 104
白鉄鉱（マーカサイト）84
白榴石（リューサイト）126
白 金 69, 76
バナジン酸塩鉱物 60, 110-113
ばら輝石（ロードナイト）132
バリウム 108, 121
バリウム方解石（バリトカルサイト）108
バリッシャー石（バリスサイト）110
ハロゲン化鉱物 59, 100, 101
斑 岩 27
半貴石 67, 124, 125
斑銅鉱（ボーナイト）77

れい岩 8, 9
(アルセニック) ➡ヒ素を見よ
うち石（フリント） 35, 148
酸塩鉱物 60, 110-113
四面銅鉱（テンナンタイト） 90
重 64, 151
すい 122, 132, 148
すい輝石（ジェダイト） 132
素 58, 72, 80, 84, 86, 113
州石 62
晶石（クリオライト） 100, 101
本
　——のクリーニング 12
　——の保管と展示 13
本ラベル 12
化 16, 28, 151
フォスゲン鉱（フォスゲナイト） 108
通角閃石（ホルンブレンド） 133
通輝石（オージャイト） 132
ッ素 100, 149
どう石（プレーナイト） 139
ーランジェ鉱 90
レート 5, 47, 151
ロシャン銅鉱（ブロシャンタイト） 121
ロスフェリ（鉄の華） 106
出岩 151
開 62, 151
玉 64
グマタイト 27
スブ石（ベスビアナイト） 134
水晶（ローズクォーツ） 123, 148
リドット 130, 131
ーの毛 24
岩（シスト） 19, 43, 47
成岩 8, 9, 16, 17, 19, 42-49, 151
ントランド鉱（ペントランダイト） 78

片麻岩（グネス） 9, 47, 48, 50, 51
方鉛鉱（ガレナ） 65, 76, 149
方解石（カルサイト） 30, 31, 56, 64, 104, 105, 141, 149
ホウ酸塩鉱物 60, 116, 117
ほう砂（ボラックス） 116
宝 石 59, 61, 66, 67, 84, 91, 94, 95, 104, 106, 111, 122, 125, 128, 130, 132, 134, 151
　生物のつくる—— 67, 140-143
ホウ素 116
ボーキサイト 59, 98, 149
ほたる石（フルオライト） 64, 100, 101, 149
ホープ・ダイアモンド 148
ポリバス鉱 90
ホルンフェルス 44

【ま】
マグネシウム 9, 108
マグマ 4, 15-18, 57, 151
マンガン 85, 106, 133, 149
ミグマタイト 47
ミメット鉱（ミメタイト） 113
無煙炭（アントラサイト） 32
無光沢 65, 151
紫水晶（アメシスト） 123, 148
メガジェム 67
メノウ（アガーテ） 124
毛 鉱 90
モース硬度 64
桃色花崗岩 18
モリブデン 87, 119
モリブデン鉛鉱（ウルフェナイト） 56, 119
モリブデン酸塩鉱物 61, 118-121

【や】
溶 岩 5, 18, 57, 151
溶結凝灰岩 24

葉状構造 18, 19, 151
葉銅鉱（カルコフィライト） 112
葉ろう石（パイロフィライト） 136

【ら】
ラピスラズリ 126, 148
藍晶石（カイヤナイト） 128
藍銅鉱（アズライト） 109
リヒター閃石（リヒテライト） 133
リーベック閃石（リーベカイト） 133
硫塩鉱物 58, 90, 91
硫化鉱物 58, 76-89
硫カドミウム鉱 79
榴輝岩（エクロジャイト） 49
硫酸塩鉱物 61, 118-121
粒 子 18, 19
硫錫鉱（スタンナイト） 81
硫砒鉄鉱（アルセノパイライト） 86
流紋岩（ライオライト） 22
菱亜鉛鉱（スミソナイト） 104
菱苦土石（マグネサイト） 108
菱長石斑岩 27
菱鉄鉱（シデライト） 105
菱マンガン鉱（ロードクロサイト） 106
緑鉛鉱（パイロモルファイト） 110
緑閃石 63
緑柱石（ベリル） 63, 134
リ ン 112
燐灰石（アパタイト） 64, 112
リン酸塩鉱物 60, 110-113
ルビー 7, 66, 67, 92
れき岩（コングロメレート） 19, 37
露 頭 151

謝　　辞 しゃじ

Dorling Kindersley would like to thank: Monica Byles for proofreading; Helen Peters for indexing; David Roberts and Rob Campbell for database creation; Claire Bowers, Fabian Harry, Romaine Werblow, and Rose Horridge for DK Picture Library assistance; Ritu Mishra, Nasreen Habib, and Neha Chaudhary for editorial assistance; and Isha Nagar for design assistance.

The publishers would also like to thank the following for their kind permission to reproduce their photographs:

(Key: a-above; b-below/bottom; c-centre; f-far; l-left; r-right; t-top)

2–3 Corbis: Walter Geiersperger (c). **5 Getty Images:** Toshi Sasaki / Stone+ (tr); Science & Society Picture Library (tc). **6 Dorling Kindersley:** Natural History Museum, London (ca). **Getty Images:** Siede Preis / Photodisc (bl). **7 Alamy Images:** E D Torial (b). **Dorling Kindersley:** Natural History Museum, London (tl, cr). **Getty Images:** f8 Imaging / Hulton Archive (tr). **8–9 Science Photo Library:** Dirk Wiersma (c). **10 Alamy Images:** Tom Grundy (cl). **Dorling Kindersley:** Natural History Museum, London (b). **11 Dorling Kindersley:** Natural History Museum, London (tl, br). **12 Dorling Kindersley:** Natural History Museum, London (tc). **12–13 Dorling Kindersley:** Natural History Museum, London (c). **14 Corbis:** Frans Lanting. **15 Corbis:** Atlantide Phototravel. **18 Dorling Kindersley:** Oxford University Museum of Natural History (cl). **19 Dorling Kindersley:** Natural History Museum, London (bl). **20 Dorling Kindersley:** Natural History Museum, London (cl). **21 Corbis:** Granville Harris / Eye Ubiquitous (tl). **Getty Images:** Jeff Foott / Discovery Channel Images (tc). **24–25 Dorling Kindersley:** Natural History Museum, London (b). **28–29 Dreamstime.com:** Natalia Bratslavsky. **30 Dorling Kindersley:** Judith Miller / Freeman's (tl); Natural History Museum, London (bl, bl/ Powdered Clay). **32 Dorling Kindersley:** Natural History Museum, London (tl). **40–41 Alamy Images:** Pritz / F1online digitale Bildagentur GmbH. **42 Dorling Kindersley:** Rough Guides (tl). **50–51 Getty Images:** Andreas Strauss / LOOK. **54 Dorling Kindersley:** The Smithsonian Institution, Washington DC. **55 Dorling Kindersley:** Judith Miller / 333 Auctions LLC. **56 Dorling Kindersley:** Natural History Museum, London (c). **56–57 Alamy Images:** Photoshot Holdings Ltd (b). **57 Dorling Kindersley:** Natural History Museum, London (tl). **58 Dorling Kindersley:** Natural History Museum, London (tl, br). **62 Dorling Kindersley:** Oxford University Museum of Natural History (br). **63 Dorling Kindersley:** Natural History Museum, London (tr). **65 Dorling Kindersley:** Natural History Museum, London (c, br). **66 Dorling Kindersley:** Natural History Museum, London (tl). **67 Corbis:** Corbis Art (t). **Dorling Kindersley:** Natural History Museum, London (bc). **Getty Images:** Tim Graham (cr). **68 Dorling Kindersley:** Natural History Museum, London (br); The Science Museum, London (cl). **NASA:** Human Spaceflight Collection (bl). **71 Dorling Kindersley:** Oxford University Museum of Natural History (tr). **73 Dorling Kindersley:** Natural History Museum, London. **74–75 Getty Images:** Radius Images. **76 Getty Images:** Dea / A Dagli Orti (cl); Steve Eason / Hulton Archive (tl). **77 Dorling Kindersley:** Natural History Museum, London (cl). **88–89 Corbis:** Peter Ginter / Science Faction. **90 Alamy Images:** De Schuyter Marc / Arterra Picture Library (tl). **Corbis:** Macduff Everton (cl). **SuperStock:** imagebroker.net (bl). **92 Dorling Kindersley:** Natural History Museum, London (br). **102–103 Corbis:** Bertrand Gardel / Hemis. **114–115 Corbis:** Randy Faris. **119 Dorling Kindersley:** Dan Bannister (tl). **122 Dorling Kindersley:** Judith Miller / Blanchet et Associes (tl); Judith Miller / Sylvie Spectrum (cl); Judith Miller / Lynn & Brian Holmes (bl). **124 Dorling Kindersley:** The Smithsonian Institution, Washington DC (tl). **127 Dorling Kindersley:** Natural History Museum, London (tr). **132 Dorling Kindersley:** Natural History Museum, London (tr). **141 Dorling Kindersley:** Natural History Museum, London (tr). **142–143 Corbis:** Jeff Daly / Visuals Unlimited.

Jacket images: *Front:* **Dorling Kindersley:** Natural History Museum, London fcrb, fcrb/ (Copper), c; *Spine:* **Dorling Kindersley:** Natural History Museum, London t.

All other images © Dorling Kindersley

For further information see: www.dkimages.com